大学入試
# 理論化学の
最重要知識
# スピード
# チェック

目良 誠二 著

文英堂

■ 短時間で，入試に必要なことだけを，入試に役立つ形で覚えたい。これは，受験生の永遠の願いである。

■ 高校化学のなかでも，理論化学の分野では，覚えることより，問題が意味するところを正しく読み取り，的確に公式等にあてはめる力が要求される。この力は，漫然と問題を解くことを繰り返しても決して身に付かない。

■ 教科書の重要点をまとめた本は数多く出版されている。しかし，これらの本は，いうなれば「操作説明書のない立派な道具」であり，「**実戦でそれらのまとめをどう活用したらよいか**」まで書いた本は本書だけである。

■ 本書では，いままで学んだ知識を入試でそのまま使えるように，「**99の最重要ポイント**」として大胆にまとめ直した。また，重要なことがらについては視点を変えて繰り返しとりあげ，最重要ポイントを使いこなすワザを目立つ形でのせた。さらに，適所に入試問題例をのせてある。これらの問題が，本書の内容をおさえればスムーズに解けることを実感してほしい。受験生諸君の健闘を祈る。

# 物質の構成

**1** 原子の構造 ……………………………………………………………… 4

**2** 原子の電子配置 ………………………………………………………… 7

**3** 元素の周期表と電子配置 …………………………………………… 12

**4** 化学結合 ………………………………………………………………… 18

**5** 結晶の種類 ……………………………………………………………… 25

**6** 原子量・分子量と物質量 …………………………………………… 31

**7** 化学反応式と量的関係 ……………………………………………… 37

**8** 溶液の濃度 ……………………………………………………………… 41

# 物質の変化

**9** 酸・塩基とその量的関係 …………………………………………… 45

**10** pH と滴定曲線 ………………………………………………………… 53

**11** 酸化還元反応 …………………………………………………………… 60

**12** 金属のイオン化傾向と電池 ………………………………………… 67

**13** 電気分解 ………………………………………………………………… 73

**14** 化学反応とエンタルピー …………………………………………… 78

# 物質の状態

15 物質の三態 ⋯⋯⋯⋯⋯⋯⋯⋯⋯⋯⋯⋯⋯⋯⋯⋯⋯ 86

16 気体の法則 ⋯⋯⋯⋯⋯⋯⋯⋯⋯⋯⋯⋯⋯⋯⋯⋯⋯ 91

17 混合気体と全圧・分圧 ⋯⋯⋯⋯⋯⋯⋯⋯⋯⋯⋯ 95

18 固体の溶解度 ⋯⋯⋯⋯⋯⋯⋯⋯⋯⋯⋯⋯⋯⋯⋯ 100

19 気体の溶解度 ⋯⋯⋯⋯⋯⋯⋯⋯⋯⋯⋯⋯⋯⋯⋯ 106

20 沸点上昇・凝固点降下 ⋯⋯⋯⋯⋯⋯⋯⋯⋯⋯⋯ 109

21 浸透圧 ⋯⋯⋯⋯⋯⋯⋯⋯⋯⋯⋯⋯⋯⋯⋯⋯⋯⋯ 113

22 コロイド溶液 ⋯⋯⋯⋯⋯⋯⋯⋯⋯⋯⋯⋯⋯⋯⋯ 115

# 反応の速さと化学平衡

23 反応の速さと進み方 ⋯⋯⋯⋯⋯⋯⋯⋯⋯⋯⋯⋯ 120

24 化学平衡と移動 ⋯⋯⋯⋯⋯⋯⋯⋯⋯⋯⋯⋯⋯⋯ 124

25 平衡定数 ⋯⋯⋯⋯⋯⋯⋯⋯⋯⋯⋯⋯⋯⋯⋯⋯⋯ 128

26 電離平衡 ⋯⋯⋯⋯⋯⋯⋯⋯⋯⋯⋯⋯⋯⋯⋯⋯⋯ 132

27 2段階電離と溶解度積 ⋯⋯⋯⋯⋯⋯⋯⋯⋯⋯⋯ 137

索引 ⋯⋯⋯⋯⋯⋯⋯⋯⋯⋯⋯⋯⋯⋯⋯⋯⋯⋯⋯⋯⋯⋯ 142

付録　計算に用いるおもな公式と事項 ⋯⋯⋯⋯⋯⋯ 145

# 1 ▶ 原子の構造

**最重要 1** $^{23}_{11}Na$ から，Na原子の**陽子・電子・中性子の数**がわかるようにすること。

—— 元素によって決まっている。

## 1 陽子の数＝電子の数＝ 原子番号

質量数 → ²³Na ← 元素記号
¹¹ ← 原子番号

**解説** Na原子は，原子番号11であるから，Na原子は陽子の数も電子の数も11個である。

## 2 陽子の数＋中性子の数＝ 質量数

**解説** ▶ $^{23}_{11}Na$ の中性子の数 = 23 − 11 = 12
▶ $^{1}_{1}H$ の中性子の数は 0。⇨ $^{1}_{1}H$ 以外の原子は中性子が存在する。

**補足** **陽子の質量 ≒ 中性子の質量 ≒ 電子の質量×1840**
陽子の質量や中性子の質量に比べて，電子の質量は非常に小さい。したがって，**原子の質量は，陽子と中性子の数の和である質量数によって決まる**。

---

**例題** 原子番号・質量数と陽子・電子・中性子の数

$^{27}_{13}Al$ の陽子の数，電子の数，中性子の数は，それぞれいくつか。

**解説** 原子番号が13であるから，陽子の数と電子の数は13。
質量数が27であるから，陽子の数が13より，中性子の数は，27 − 13 = 14

**答** 陽子の数；**13** 電子の数；**13** 中性子の数；**14**

# 同位体は，何が同じで何が異なるかが重要。

**1** 同位体 ⇨ $\left\{\begin{array}{l}\text{原子番号}\\\text{陽子の数}\\\text{元 素}\end{array}\right\}$ が同じ，$\left\{\begin{array}{l}\text{質 量 数}\\\text{中性子の数}\\\text{質 量}\end{array}\right\}$ が異なる。

> **解説** 同位体は，原子番号が同じで質量数が互いに異なる原子であり，「原子番号が同じ原子」は陽子の数が同じで，同じ元素である。「質量数が異なる」ことから，中性子の数と質量が異なる。

**2** 同位体 ⇨ 化学的性質は，ほとんど同じ。

> **解説** 化学的性質は電子の数で決まる。同位体は電子の数が同じであるから，同位体の化学的性質は同じになる。

> **補足** 各元素の同位体の天然における存在比は一定である。
>
> **例** ダイヤモンドのCでも，石油の成分のCでも，われわれの体の成分のCでも $^{12}C$ と $^{13}C$ からなり，その存在比は $^{12}C$ は98.93%，$^{13}C$ は1.07%である。

---

**例題** 原子の構造と同位体

次のア～エのうち，同位体に関して正しいものはどれか。
ア 同じ元素の原子でも，陽子の数が互いに異なる原子がある。
イ 質量数が14，15で，中性子の数がそれぞれ7個，8個の原子は互いに同位体である。
ウ 同じ元素の原子では，原子の質量は互いに同じである。
エ 物質が化学変化すると，同位体の存在比が反応前後で少し変化する。

> **解説** ア；元素は，原子番号によって決まるから，陽子の数が同じ原子は同じ元素であり，異なる原子は異なる元素である。
>
> 質量数＝陽子の数＋中性子の数。
>
> イ：陽子の数は $14-7=7$，$15-8=7$，どちらも7で，原子番号が互いに等しい原子であり，質量数が異なることから互いに同位体である。
>
> ウ：同位体は，同じ元素の原子で，質量が互いに異なる。◀── 質量数が異なる。
>
> エ：化学変化しても，同位体の存在比は変化しない。

**答** イ

　ある原子には，AとBとの2つの同位体があり，Bの原子番号は$Z$で，AとBの質量数の和は$2a$になり，Aの質量数はBの質量数より$2b$だけ大きい。A原子の原子核中の中性子の数は，次のどれに等しいか。

ア　$Z-a+b$

イ　$a+b+Z$

ウ　$2(a+b)-Z$

エ　$a+b-Z$

オ　$Z+\dfrac{a+b}{2}$

--------------------------------------------------------------------------

解説　A，Bの質量数を，それぞれ$x$，$y$とすると，次の式が成り立つ。

$$x+y=2a \quad \cdots ①$$
$$x-y=2b \quad \cdots ②$$

　①+②より，$2x=2a+2b$　よって，$x=a+b$

　最重要1より，「原子番号＝陽子の数」，「質量数＝陽子の数＋中性子の数」であり，さらに最重要2-１より，同位体は陽子の数が同じであるから，

　　　中性子の数＝質量数－陽子の数＝$x-Z=a+b-Z$

答　エ

# 2 原子の電子配置

最重要
**3**

**電子殻**の**名称**と各電子殻の**最大電子数**を確認。

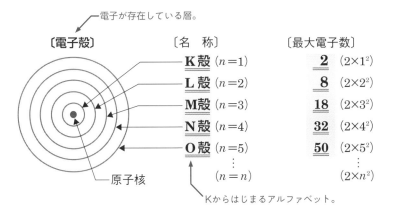

〔電子殻〕　　　〔名　称〕　　　〔最大電子数〕

電子が存在している層。

**K殻** ($n=1$)　　**2** ($2 \times 1^2$)

**L殻** ($n=2$)　　**8** ($2 \times 2^2$)

**M殻** ($n=3$)　　**18** ($2 \times 3^2$)

**N殻** ($n=4$)　　**32** ($2 \times 4^2$)

**O殻** ($n=5$)　　**50** ($2 \times 5^2$)

($n=n$)　　($2 \times n^2$)

原子核

Kからはじまるアルファベット。

最重要
**4**

**原子番号 1 ～ 20** の原子は，その**元素・原子番号**に加え，**電子配置**も確実におさえる。

共通テストで電子配置と関係のある問題は，すべて原子番号 1 ～ 20。

**1** **電子配置**は，原則として**内側の電子殻から**順に配置される。

解説 ▶ 原子番号 1 ～ 18の原子は，内側の電子殻から順に配置されている。

▶ ₁₉K，₂₀Caでは，M殻に 9 個，10個の電子が入るよりも，M殻に 8 個の電子が入り，外側のN殻に 1 個，2 個の電子が入ったほうがエネルギー的に安定になる。

〔原子番号1～20の原子の電子配置〕

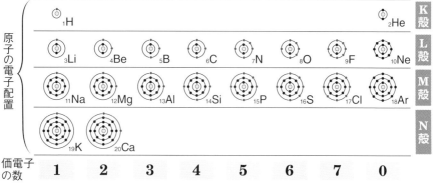

## 2 価電子の数およびその周期性に着目。

解説 ▶価電子は，原子がイオンになったり，原子どうしが結合したりするときに重要なはたらきをする。
▶価電子は，最外殻に配置されている電子である(貴ガスは例外 ⇨ 3 )。

## 3 貴ガス(希ガス)は安定な電子配置で，最外殻電子は，He が 2 個，他は 8 個 ⇨ 価電子の数は 0。

K殻に最大数。

最外殻に8個は安定。

他の原子と結びつく電子がないことを示す。

解説 貴ガスとは He，Ne，Ar などで，空気中に微量に存在し，他の物質と結合しにくく，単原子分子である。

1つの原子からなる分子。

補足 He は，物質中で沸点・融点が最も低い(沸点：-269℃，融点：-272℃)。

| 例 題 | 原子番号と価電子の数 |
|---|---|

次の文の〔　〕内に数値を記せ。

(1) 原子番号が 8 の原子の価電子の数は〔　(a)　〕である。

(2) 原子番号が 10 の原子の最外殻電子の数は〔　(b)　〕であり，価電子の数は〔　(c)　〕である。

(3) M 殻に価電子が 3 個配置されている原子の原子番号は〔　(d)　〕である。

**解説**　(1) K 殻の最大電子数が 2 個であるから，最外殻電子の数は，$8 - 2 = 6$

　　　　よって，価電子の数は 6 個。

　　(2) (1)と同様に考えて，最外殻電子の数は，$10 - 2 = 8$

　　　　よって，貴ガスであり，価電子の数は 0（最重要 4 − **3**）。

　　(3) K 殻には 2 個，L 殻には 8 個収容されているので，原子番号は，$2 + 8 + 3 = 13$

　　　　　↳ 最大電子数 ↲

**答**　(a) **6**

　　(b) **8**

　　(c) **0**

　　(d) **13**

| 最重要 5 | イオンの電子の数と同じ電子配置をもつ 原子がわかるようにすること。 |
|---|---|

貴ガス原子

## 1 陽イオン$(M^{n+})$の電子の数＝原子番号－価数$(n)$
## 　陰イオン$(M^{n-})$の電子の数＝原子番号＋価数$(n)$

**解説** ▶ $Mg^{2+}$は，$Mg$原子が2個の電子を放出してできたものであり，$Mg$の原子番号は12であるから，電子の数は，$12-2=10$
　　　　　└── $Mg$原子の電子の数

　　　▶ $F^-$は，$F$原子が1個の電子を受け取ってできたものであり，$F$の原子番号は9であるから，電子の数は，$9+1=10$
　　　　　　　　　　　　　　　　　　　　　　　　　$F$原子の電子の数 ──↗

**補足** 1個の原子からなるイオンを**単原子イオン**，2個以上の原子からなる原子団のイオンを**多原子イオン**という。

## 2 典型元素の安定な**イオン** ⇨ 貴ガス原子 と同じ電子配置。

└── He, Ne, Arのいずれか。

**解説** $Mg$は価電子2個を放出し，$F$原子は電子1個を受け取って，$Ne$と同じ電子配置であるイオン$Mg^{2+}$，$F^-$となる。
　　　　　　　　　　　　　　　　　　　　　　　　　└── 貴ガス

---

| 例題 | イオンの電子の数と電子配置 |
|---|---|

　次の(1)～(4)のイオン1個がもつ電子の数はどれだけか。また，それぞれのイオンと同じ電子配置の原子を示せ。
(1) $Li^+$　　(2) $O^{2-}$　　(3) $Al^{3+}$　　(4) $Cl^-$

**解説** 最重要5－**1**より，電子の数は次のとおりである。
　　(1) $3-1=2$　　(2) $8+2=10$　　(3) $13-3=10$　　(4) $17+1=18$
　　これらのイオンと同じ電子配置の原子は，これらの電子の数が原子番号に等しい原子である。原子番号が，2は$He$，10は$Ne$，18は$Ar$。

**答** (1) **2**，He
　　(2) **10**，Ne　　　　　　　　　　　　　── 入試での出題はこの3種類。
　　(3) **10**，Ne
　　(4) **18**，Ar

次の文中の①～⑩に適切な数字または語句を記入せよ。

　原子は，中心にある1個の原子核と，その周りを取り巻く電子で構成され，原子核は正の電荷をもつ〔　①　〕と電荷をもたない〔　②　〕とからできている。負電荷をもつ電子と正の電荷をもつ〔　①　〕の数は等しいので，原子は全体として電気的に中性である。原子核に含まれる〔　①　〕の数はそれぞれの元素に固有のもので，この数は〔　③　〕とよばれる。また，原子核中の〔　①　〕の数と〔　②　〕の数の和を〔　④　〕という。原子には〔　③　〕は同じで，〔　④　〕の異なる原子があり，これらを互いに〔　⑤　〕という。

　原子中の電子は，〔　⑥　〕とよばれるいくつかの軌道に分かれて存在する。〔　⑥　〕は，原子核に近い内側から順に，K殻，L殻，M殻，…とよばれ，それぞれに入ることができる最大の電子数は，〔　⑦　〕，〔　⑧　〕，18，…である。最も外側の〔　⑥　〕に入っている電子(最外殻電子)のうち，原子がイオンになったり，原子どうしで結合するときに重要なはたらきをする1～7個の電子を〔　⑨　〕という。たとえば，ホウ素原子Bの〔　⑨　〕数は3であり，酸素原子Oの〔　⑨　〕数は〔　⑩　〕となる。

--------------------------------------------------------------------

解説　③　最重要1－■より，陽子の数＝電子の数＝原子番号である。

　　　④，⑤　最重要1－■より，陽子の数＋中性子の数＝質量数である。さらに，最重要2－■より，同位体は互いに原子番号が同じであり，質量数が異なる。

　　　⑥～⑧　最重要3　参照

　　　⑨，⑩　最重要4－■より，価電子は，最外殻に配置されている電子をさす(貴ガスは除く)。酸素原子の価電子数は，8－2＝6

答　① 陽子　　② 中性子　　③ 原子番号　　④ 質量数　　⑤ 同位体　　⑥ 電子殻
　　⑦ **2**　　⑧ **8**　　⑨ 価電子　　⑩ **6**

# 3 元素の周期表と電子配置

**6** 元素の**周期表**について次の **3 点**をおさえる。

└── 価電子との関係に着目。

**1** 元素の**周期表**は，**周期律**に基づいた表 ⇨ 価電子の数 が基準。

> **解説** 元素の周期律：元素を**原子番号順に並べる**と，性質のよく似た元素が周期的に現れる規則性。⇨ 価電子の数の周期的変化による。

> **補足** メンデレーエフは**原子量の順**に元素を並べて周期律を発見し，1869 年に元素の周期表を発表した。

**2** 族；縦の列の元素　⇨ **1 族～18 族**

⇨ 同族元素は，**価電子の数が同じ**。

> **補足** 同族元素は，性質が互いによく似ている。

└── 遷移元素(最重要 8)では異なることがある。

**3** 周期；横の行の元素　⇨ **第 1 ～第 7 周期**

⇨ **価電子数が増加**(18 族は 0)。

> **解説** ▶典型元素(最重要 8)は，同周期では原子番号が増すほど，最外殻電子の数が増加する。
> ⇨ 価電子の数は 17 族まで増加する。
> ▶遷移元素は，原子番号が増しても，最外殻電子の数がほぼ一定。
> └── 1 ～ 2 個

周期律では，次の **3 つの性質**の周期性がポイント。

**1** イオン化エネルギー ：原子から 1 個の電子を取り去って **1 価の陽イオン**にするのに要するエネルギー。

└─── 第一イオン化エネルギーともいう。

⇨ **イオン化エネルギー**が**小さい原子**ほど**陽イオンになりやすい**。

⇨ 周期表の**左側，下側の元素**ほど**小さい**。

解説 1族元素はイオン化エネルギーが小さい（陽イオンになりやすい）。そのうち，最も小さいのはフランシウム Fr である。

└─── 1族で原子番号が最も大きい元素。

**2** 電子親和力 ：原子が電子を 1 個受け取って **1 価の陰イオン**になるとき放出されるエネルギー。

⇨ **電子親和力**が**大きい原子**ほど**陰イオンになりやすい**。

⇨ 周期表の**右側の元素**ほど**大きい**（18族を除く）。

解説 17族元素は，電子親和力が大きく，陰イオンになりやすい。

**3** 原子の半径 ：おもに典型元素の場合 ◀─── 遷移元素の出題はほとんどない。

同　族 ⇨ 原子番号が大きい元素ほど**大きい**。

同周期 ⇨ 原子番号が大きい元素ほど**小さい**（18族を除く）。

解説 ▶同族の原子では価電子の数が同じであり，原子番号が大きいほど，価電子が外側の電子殻に配置される。 外側の電子殻ほど半径が大きい。─┘

▶同周期の原子は，原子番号が大きいほど陽子の数が増える。すなわち原子核の正の電荷が大きくなるため，そのぶん電子が原子核に強く引きつけられる。

補足 **イオンの半径**　次のように電子配置が同じイオンでは，陽子の数（原子番号）が大きいものほど半径が小さい。 $_8O^{2-} > _9F^- > _{11}Na^+ > _{12}Mg^{2+} > _{13}Al^{3+}$

└─── 原子核の引力が強い。

最重要 **8**

## 典型元素と遷移元素について次の**2点**を確実におさえること。

**1** 族 $\left\{\begin{array}{l}\end{array}\right.$ **典型元素** ⇨ **1・2族, 13〜18族** ← 第1〜第7周期。

**遷移元素** ⇨ **3〜12族** ← 第4〜第7周期。

**2** 同周期の原子番号と電子配置・価電子の数(下の表は第4周期)

**典型元素** ⇨ 原子番号が増すと, **価電子の数が増加**(18族は除く)。
⇨ 価電子の数:族番号の下**1**桁の数字に等しい(18族は0)。

**遷移元素** ⇨ 原子番号が増すと, **内側の電子殻の電子数が増加**。
⇨ 価電子の数:**1〜2**個。
← ほぼ一定。

| | 典型元素 | | 遷 移 元 素 | | | | | | | | | 典 型 元 素 | | | | | |
|---|---|---|---|---|---|---|---|---|---|---|---|---|---|---|---|---|---|---|
| 族 | 1 | 2 | 3 | 4 | 5 | 6 | 7 | 8 | 9 | 10 | 11 | 12 | 13 | 14 | 15 | 16 | 17 | 18 |
| 元 素 | K | Ca | Sc | Ti | V | Cr | Mn | Fe | Co | Ni | Cu | Zn | Ga | Ge | As | Se | Br | Kr |
| 原子番号 | 19 | 20 | 21 | 22 | 23 | 24 | 25 | 26 | 27 | 28 | 29 | 30 | 31 | 32 | 33 | 34 | 35 | 36 |
| 電子配置 K | 2 | 2 | 2 | 2 | 2 | 2 | 2 | 2 | 2 | 2 | 2 | 2 | 2 | 2 | 2 | 2 | 2 | 2 |
| 電子配置 L | 8 | 8 | 8 | 8 | 8 | 8 | 8 | 8 | 8 | 8 | 8 | 8 | 8 | 8 | 8 | 8 | 8 | 8 |
| 電子配置 M | 8 | 8 | 9 | 10 | 11 | 13 | 13 | 14 | 15 | 16 | 18 | 18 | 18 | 18 | 18 | 18 | 18 | 18 |
| 電子配置 N | 1 | 2 | 2 | 2 | 2 | 1 | 2 | 2 | 2 | 2 | 1 | 2 | 3 | 4 | 5 | 6 | 7 | 8 |
| 価電子数 | 1 | 2 | | | | 1 | 〜 | | 2 | | | | 3 | 4 | 5 | 6 | 7 | 0 |

第4周期

内側の電子殻の電子数が増加。

18族は0。

族番号の下1桁の数字と同じ。

## 周期表上での**位置**と**元素の性質の関係**に着目。

**1** 表の**左側**，**下側**の元素ほど，| **陽性** |（金属性）が強い。

> **解説** 表の左側，下側の元素ほどイオン化エネルギーが小さく，その原子は陽イオンになりやすい。

**2** 表の**右側**（18族を除く），**上側**の元素ほど，| **陰性** |（非金属性）が強い。

> **解説** 表の右側（18族を除く），上側の元素ほどその原子は陰イオンになりやすい。

**3** 金属元素と非金属元素の位置

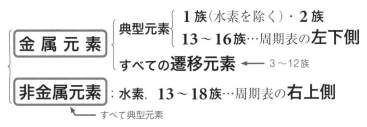

> **補足** 水素や貴ガスは非金属元素であるが，水素は陽イオンになりやすく，<u>貴ガスはイオンになりにくい。</u>
> イオン化エネルギーが大きい。

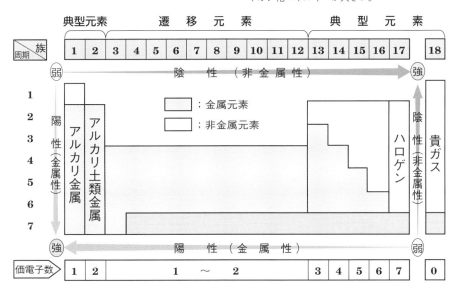

**例 題** 原子の種類の特定

　価電子がM殻に2個ある原子について，次の(1)～(3)の問いに答えよ。

(1) この原子の原子番号はいくらか。

(2) この原子は，典型元素・遷移元素のどちらか。

(3) この原子は，金属元素・非金属元素のどちらか。

**解説** (1) 価電子がM殻にあるのは第3周期の元素であり，原子番号は，$2+8+2=12$

　　　(2) 最重要8－**1**より，遷移元素は第4～7周期で，第3周期はすべて典型元素。

　　　(3) この原子は，2族元素の原子である。最重要9－**3**より，2族元素は金属元素。

**答** (1) **12**

　　 (2) **典型元素**

　　 (3) **金属元素**

---

**入試問題例** 周期表と元素の性質　　　　　　　　　　　　　　　名古屋市大 改

　右図は元素の周期表の一部を表したものである。横に族，縦に周期を示す番号を表示している。

(1) 周期表に関して正しいものを1つ選べ。

　ア　周期表とは元素を原子番号順に並べたもので，性質の似た元素が縦の列に並ぶように配列されている。

　イ　同じ周期の元素の価電子数はすべて同じである。

　ウ　周期表の左側，下側の元素ほどイオン化エネルギーの値が大きい。

　エ　周期表の右側，上側の元素ほど電子親和力の値が大きい。

(2) **A**の領域に属する元素，属さない元素をそれぞれ何と呼ぶか，答えよ。

(3) 次の文章中の①，④～⑦にあてはまる語句または数字，②，③に入る元素記号を記せ。

　　周期表の規則性から，5つの元素**a**～**e**はそれぞれの元素がイオンになると同じ　①　をとると考えられる。この5つの元素の中で，イオン化エネルギーの最も大きい元素は　②　であり，イオン半径（イオンの大きさ）の最も小さい元素は　③　である。

　元素**f**はセシウムCsである。周期表の規則性から，セシウム原子の価電子は　④　個，陽子は　⑤　個と推測できる。セシウム原子は自然界には質量数133のものしか安定に存在しないが，放射能をもつ質量数137の放射性　⑥　が核分裂により生成する。質量数137のセシウム原子の中性子は　⑦　個と推測できる。

**解説** (1) **ア**：最重要6−**1**より，元素を原子番号順に並べると，性質の似た元素が周期的に現れる。周期表は，これらの元素が縦の列に並ぶように配列されたものである。

**イ**：最重要6−**3**より，同周期では原子番号が大きくなるほど，価電子数が増加する(遷移元素，18族は除く)。

**ウ**：周期表の左側，下側の元素ほど，イオン化エネルギーの値が小さい(最重要7−**1**)。

**エ**：最重要7−**2**より，周期表の右側の元素(18族を除く)ほど，電子親和力の値が大きい。上側の元素ほど大きいとは限らない。

(2) 最重要8−**1**より，3〜12族は遷移元素，それ以外は典型元素である。

(3) ② 周期表の右側，上側の元素ほど，イオン化エネルギーの値が大きい。

③ 最重要7−**3**より，電子配置が同じイオンでは，陽子の数すなわち原子番号が大きいものほど，イオンの半径が小さい。

④，⑤ 最重要8−**2**より，典型元素の価電子の数は，族番号の下1桁の数字に等しい。Csは1族元素。また原子番号は，$2+8+8+18+18+1=55$

⑦ 最重要1−**2**より，陽子の数+中性子の数=質量数だから，中性子の個数は，$137-55=82$

**答** (1) **ア**

(2) 属する元素；**遷移元素**　属さない元素；**典型元素**

(3) ① **電子配置**　② **F**　③ **Al**　④ **1**　⑤ **55**　⑥ **同位体**　⑦ **82**

# 4 ▶ 化学結合

**最重要 10** 原子間の結合は，次の **3 種類**であり，成分元素から結合の種類がわかることが必要。

**1** イオン結合 ⇨ 金属元素と非金属元素の原子間。

**解説** イオン結合は**陽イオン・陰イオンの静電気的引力による結合**である。金属元素の原子は陽イオン，非金属元素の原子は陰イオンとなってイオン結合が起こる。

〔**例外**〕$NH_4Cl$；いずれも非金属元素であるが$NH_4^+$と$Cl^-$間はイオン結合。

└── N−H間は共有結合。

**2** 共有結合 ⇨ 非金属元素の原子間。

**解説** 非金属元素の原子の**価電子のいくつかを互いに共有しあった結合**。

└── 貴ガスと同じ電子配置をつくる。

**3** 金属結合 ⇨ 金属元素の原子間。

**解説** 金属元素の原子の価電子は，特定の原子に固定されることなく，自由に動きまわる**自由電子**として多くの原子(陽イオン)に共有され，原子を結合する。

---

**例題** 化学式と結合の種類

次の物質(1)〜(5)の原子間の結合は，あとのア〜ウのどれか。
(1) $H_2$  (2) $CO_2$  (3) $NaCl$  (4) $Fe$  (5) $CaO$
**ア** イオン結合  **イ** 共有結合  **ウ** 金属結合

**解説** (1) Hは非金属元素。よって共有結合。
(2) C，Oは非金属元素。よって共有結合。
(3) Naは金属元素，Clは非金属元素。よってイオン結合。
(4) Feは金属元素。よって金属結合。
(5) Caは金属元素，Oは非金属元素。よってイオン結合。

**答** (1) **イ**   (2) **イ**   (3) **ア**   (4) **ウ**   (5) **ア**

# 電子式，構造式は，次の2つがポイント。

**1** 電子式；分子中の元素記号のまわりに記す 電子の数

Hは例外。

⇨ **Hは2個，他の元素は8個。**

非共有電子対

例 $H_2O$ ⇨ H・ + ・Ö・ + ・H ⟶ H:Ö:H

不対電子　　　　　　　　　共有電子対

（まわりの電子・は
Hは2個，Oは8個）

価標ということがある。

**2** **構造式**：共有電子対を**線（ー）**で表す。

**原子価**：各原子の線の本数 ⇨ H；1，O；2，C；4

H原子のまわりには電子2個。

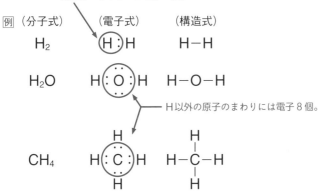

| 例 （分子式） | （電子式） | （構造式） |
|---|---|---|
| $H_2$ | (H:H) | H−H |
| $H_2O$ | H:Ö:H | H−O−H |

H以外の原子のまわりには電子8個。

| | H | H |
|---|---|---|
| $CH_4$ | H:C:H | H−C−H |
| | H | H |

補足 2対の共有電子対による結合を**二重結合**，3対の共有電子対による結合を**三重結合**という。

| | （分子式） | （電子式） | （構造式） |
|---|---|---|---|
| 二重結合； | $CO_2$ | :Ö::C::Ö: | O=C=O |
| 三重結合； | $N_2$ | :N⋮⋮N: | N≡N |

**例 題**　**電子式と構造式**

(1) 次の①～③にあてはまるものをあとの**ア**～**オ**の物質からそれぞれ選べ。

　① 非共有電子対のないもの

　② 非共有電子対を 1 対もつもの

　③ 共有電子対を 2 対もつもの

　**ア** $Cl_2$　　**イ** $H_2O$　　**ウ** $NH_3$　　**エ** $CH_4$　　**オ** $CO_2$

(2) 次の①，②の構造式をすべて書け。

　① 炭素原子 2 個と水素原子からなる化合物（水素原子はいくつでもよい）

　② $C_2H_6O$

**解説**　(1) 電子式は次のとおりである。

$$
\begin{array}{llll}
\textbf{ア} & \overset{\displaystyle ..}{\underset{\displaystyle ..}{:\!Cl\!:\!Cl\!:}} & \textbf{イ} & H:\overset{..}{\underset{..}{O}}:H & \textbf{ウ} & H:\overset{..}{N}:H \\
\end{array}
$$

　　　　　　　　　　　　　　　　　　　　　　　　　　　　H

$$
\textbf{エ} \quad H:\overset{\displaystyle H}{\underset{\displaystyle H}{C}}:H \qquad \textbf{オ} \quad :\overset{..}{O}::C::\overset{..}{O}:
$$

　　［非共有電子対の数］

　　**ア**：6　**イ**：2　　**ウ**：1　　**エ**：0　　**オ**：4

　　［共有電子対の数］

　　**ア**：1　**イ**：2　　**ウ**：3　　**エ**：4　　**オ**：4

(2) 原子価は，<u>H が 1，O が 2，C が 4</u> であり，これらが互いに結合しあう。

　　　　　　　　　　　　　　　　　　　　↖── 線の本数。

**答**　(1) ① **エ**　　② **ウ**　　③ **イ**

(2) ①

$$
H\!-\!\overset{\displaystyle H}{\underset{\displaystyle H}{C}}\!-\!\overset{\displaystyle H}{\underset{\displaystyle H}{C}}\!-\!H \qquad H\!-\!\overset{\displaystyle H}{C}\!=\!\overset{\displaystyle H}{C}\!-\!H \qquad H\!-\!C\!\equiv\!C\!-\!H
$$

②

$$
H\!-\!\overset{\displaystyle H}{\underset{\displaystyle H}{C}}\!-\!\overset{\displaystyle H}{\underset{\displaystyle H}{C}}\!-\!O\!-\!H \qquad H\!-\!\overset{\displaystyle H}{\underset{\displaystyle H}{C}}\!-\!O\!-\!\overset{\displaystyle H}{\underset{\displaystyle H}{C}}\!-\!H
$$

# 配位結合は, その意味とNH₄⁺, H₃O⁺および錯イオンをおさえておく。

$$配位結合 \quad その意味と \quad NH_4^+, \quad H_3O^+ および$$
$$錯イオンをおさえておく。$$

## 1 配位結合；非共有電子対を共有した共有結合 ⇨ 次の例が重要。

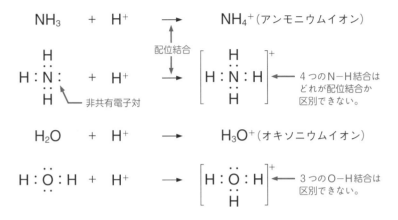

$$NH_3 \quad + \quad H^+ \quad \longrightarrow \quad NH_4^+ (アンモニウムイオン)$$

配位結合

4つのN−H結合は
どれが配位結合か
区別できない。

非共有電子対

$$H_2O \quad + \quad H^+ \quad \longrightarrow \quad H_3O^+ (オキソニウムイオン)$$

3つのO−H結合は
区別できない。

## 2 錯イオン；金属イオンと分子やイオンの配位結合によって生成。

例 $Ag^+ + 2NH_3 \longrightarrow [Ag(NH_3)_2]^+$ ジアンミン銀(I)イオン

$Fe^{2+} + 6CN^- \longrightarrow [Fe(CN)_6]^{4-}$ ヘキサシアニド鉄(II)酸イオン

錯イオンの読み方は無機編p.81参照。

元素の**電気陰性度の大小**，分子の**極性の有無**がわかるようにすること。

---

**1** 電気陰性度 {

**共有電子対を引き寄せる力の強さ**
⇨ **大きいほど陰性が強い。** ⟵ 陰イオンになりやすい。

周期表の**右側**（18族を除く）・**上側**の元素ほど**大きい**。

[解説] フッ素が最大。HFでは電子対がF原子側にかたよる ⇨ H−F結合には極性がある。

---

**2** 単体 ⇨ 無極性分子，二原子分子の化合物 ⇨ 極性分子

[解説] ▶電気的に，かたよりのある分子が極性分子，かたよりのない分子が無極性分子。
▶HFの分子では，電気陰性度の大きいF原子側が少し負の電荷をもつ。
⟵ H原子側が正の電荷。

---

**3** **三原子以上**の分子では，**形**から**識別**する。

[解説] {
$CH_4$：正四面体形，$CO_2$：直線形 ⇨ 無極性分子
$NH_3$：三角錐形，$H_2O$：折れ線形 ⇨ 極性分子
}
⟵ これだけ覚えておけばよい。

[補足] $CCl_4$，$SiH_4$ などは $CH_4$ と同じ正四面体形で無極性分子，$H_2S$ は $H_2O$ と同じ折れ線形で極性分子である。⟵ CとSi，OとSは互いに同族元素。

---

**例 題** 極性分子と無極性分子

次の(1)〜(4)は，極性分子，無極性分子のどちらか。
(1) $N_2$　　(2) HBr　　(3) $H_2S$　　(4) $CCl_4$

[解説] 最重要 13−**2**，**3** の確認問題。

(1) $N_2$；単体であり，無極性分子。
(2) HBr；二原子分子の化合物であり，極性分子。
(3) $H_2S$；$H_2O$ と同じ折れ線形で極性分子。
(4) $CCl_4$；$CH_4$ と同じ正四面体形で無極性分子。

**答** (1) 無極性分子　　(2) 極性分子　　(3) 極性分子　　(4) 無極性分子

最重要 **14**

## 沸点の比較では**分子間力の大小，水素結合**の有無が重要。

**1** 構造が類似の分子の 分子間力 （ファンデルワールス力）は，**分子量が大きいものほど大**。 ⇨ **沸点が高い。**

> **解説** 次のような分子では，分子量が大きいほど沸点が高い。（ ）は沸点。
> ハロゲン：$F_2(-188℃) < Cl_2(-34℃) < Br_2(59℃) < I_2(184℃)$
> アルカン：$CH_4(-161℃) < C_2H_6(-89℃) < C_3H_8(-42℃) < C_4H_{10}(-1℃)$

**2** 水素結合 を形成する分子

⇨ $HF$，$H_2O$，$NH_3$：電気陰性度の大きい元素の水素化合物
　　　└── 無機物質ではこの 3 つ。

⇨ **分子量のわりに，沸点が異常に高い。**

> **解説** ハロゲン化水素の沸点
> $HF(20℃) \gg HCl(-85℃) < HBr(-67℃) < HI(-35℃)$
> 　　└── 分子間で水素結合している。

> **補足** ▶水素結合を形成する有機化合物；アルコール，カルボン酸など。
> ▶**分子間力・ファンデルワールス力・水素結合** 分子間力は，すべての分子間に働く弱い引力であり，とくに無極性分子に働く分子間力が**ファンデルワールス力**に相当する。**水素結合**は，電気陰性度の大きい元素の水素化合物（$HF$，$H_2S$，$NH_3$など）の分子間に形成される結合である。

---

**例題** 沸点の比較

次の**ア～オ**は，沸点の高低を示している。誤っているのはどれか。
**ア** $F_2 < Cl_2 < Br_2$ 　　　**イ** $HF < HCl < HBr$ 　　　**ウ** $He < Ne < Ar$
**エ** $CH_4 < SiH_4 < GeH_4$ 　　**オ** $H_2O < H_2S < H_2Se$

> **解説** **ア**と**ウ**はいずれも単体，**エ**はいずれも正四面体形の分子で無極性分子であり（最重要13－**2**，**3**），分子量が大きいほど分子間力が大きく，沸点が高くなる（最重要14－**1**）。**イ**の$HF$，**オ**の$H_2O$は水素結合を形成するから，沸点が異常に高い（最重要14－**2**）。
>
> $HF \gg HCl < HBr$，$H_2O \gg H_2S < H_2Se$

**答** **イ，オ**

# 結合・引力の強弱関係をおさえること。

〔結合の強さ〕

## 共有結合 ＞ イオン結合 ≫ 水素結合 ＞ ファンデルワールス力

**解説** ▶共有結合は非常に強く，これによってできた結晶は非常に硬い（⇨p.26）。

▶結合の強さと融点とは密接な関係があり，結合の強い結晶ほど融点が高い。

**入試問題例** 化学結合 東京女子大改

物質を構成している原子，分子，イオンなどの間には，種々の引力がはたらいている。原子間，イオン間には，電子が関わって引力がはたらき，化学結合がつくられる。その形式には，**A**：共有結合，**B**：イオン結合，**C**：金属結合，および分子やイオンがその非共有電子対を空の電子殻をもつ原子やイオンに与えて生じる〔　**D**　〕がある。

電気陰性度の大きい原子が水素原子を間にはさみ，互いに引きあう引力により〔　**E**　〕が生じるが，この引力は化学結合の結合力に比べて弱い。**F**：分子間力はさらに弱い引力であるが，多くの分子や原子はこの引力によって凝集する。

(1) 文中の**D**および**E**に適当な語句を入れよ。

(2) 次の①～⑦の物質について，その物質に存在するすべての結合形式または引力を**A**～**F**の記号を用いて示せ。

① 水　　② 銅　　③ ダイヤモンド　　④ アルゴン

⑤ ヘキサシアニド鉄(Ⅲ)酸カリウム　　⑥ ベンゼン　　⑦ アンモニア

- - - - - - - - - - - - - - - - - - - - - - - - - - - - - - - - - - - - - - - - - - - - - - - -

**解説** 最重要10，12，14がわかれば，解答できる。

(1) **D**：非共有電子対を共有する結合なので，配位結合である（最重要12−**1**）。

**E**：電気陰性度が大きい原子の水素化合物に生じる引力であり，水素結合という（最重要14−**2**）。

(2) ① $H_2O$のHとO原子間は共有結合，分子間は水素結合と分子間力。

② 銅は金属結合のみ。

③ ダイヤモンドは多数の炭素原子からなる共有結合の結晶（⇨p.26）。

④ アルゴンは単原子分子で，分子間力がはたらく。

⑤ 組成式は$K_3[Fe(CN)_6]$であり，$K^+$と$[Fe(CN)_6]^{3-}$はイオン結合，CとN間は共有結合，$Fe^{3+}$と$CN^-$は配位結合。

⑥ $C_6H_6$のCとH原子は共有結合，分子間は分子間力。

⑦ $NH_3$のNとHの原子間は共有結合，分子間は水素結合と分子間力。

**答** (1) **D**：配位結合　**E**：水素結合　　(2) ① A，E，F　② C　③ A　④ F

⑤ A，B，D　⑥ A，F　⑦ A，E，F

# 5 結晶の種類

最重要
16

結晶の種類は，次の **4種類**である。その
**成分元素，化学結合，特性**をおさえておく。

| 種　類 | 成分元素 | 化学結合など | 特　性 |
|---|---|---|---|
| **イオン結晶** | 金属元素<br>非金属元素 | イオン結合 | 固体では電気伝導性がないが，加熱融解後はある |
| **分子結晶** | 非金属元素 | 分子間力，水素結合，共有結合 | 融点が低い |
| **共有結合の結晶** | C, Si, SiO₂ | 共有結合 | 融点が非常に高い |
| **金属結晶** | 金属元素 | 金属結合 | 金属光沢，展性・延性，電気伝導性 |

**解説** ▶イオン結晶は，加熱融解したり，水溶液にするなど，イオンが移動できるようにすると電気を導くようになる。 ◀——— よく出題される。

▶NH₄Clは例外で，非金属元素のみからなるイオン結晶である。
◀——— 忘れやすいので注意。

▶分子を構成する原子間の結合は共有結合である。分子間に水素結合を形成するのはH₂O，HF，NH₃，およびアルコールやカルボン酸の結晶。

▶金属結晶の3つの特性は，いずれも自由電子による性質である。

# 17 共有結合の結晶では，次の2点が重要。

この3種類しか出題されない。

## 1 共有結合の結晶 ⇨ 「C，Si，SiO₂」 ◀── いずれも融点が非常に高い。

**解説** Cはダイヤモンドと黒鉛，SiO₂は石英，水晶，ケイ砂などである。

## 2

| 結　晶 | ダイヤモンド | 黒鉛(グラファイト) |
|---|---|---|
| 結　合<br>構　造 | 4個の価電子が共有結合<br>正四面体構造 | 3個の価電子が共有結合<br>平面構造(平面間は分子間力) |
| 状　態<br>硬　さ<br>電気伝導性 | 無色・透明<br>非常に硬い(物質中最も硬い)<br>電気を通さない | 黒色・不透明<br>やわらかい<br>電気を通す |

共有結合の結晶の例外的性質。

---

**入試問題例** **結晶とその性質**　　　　　　　　　　　　大阪府大

　下の表は，固体(結晶)**A，B，C，D**の性質を示したものである。この表から**A～D**に該当するものを次の**ア～キ**より選べ。

**ア** 塩化ナトリウム　　**イ** ナトリウム　　**ウ** 鉄　　　　**エ** ダイヤモンド
**オ** ナフタレン　　　　**カ** 黒鉛　　　　　**キ** スクロース

| 性質＼固体 | A | B | C | D |
|---|---|---|---|---|
| 融　　点 | 低　い | 高　い | 高　い | 低　い |
| 水に対する性質 | 溶けない | 溶けない | 溶ける | 気体を発生して溶ける |
| 電気に対する性質 | 導きにくい | 導きにくい | 加熱融解すると導く | よく導く |
| 硬　　さ | やわらかい | 硬　い | 硬　い | やわらかい |

- - - - - - - - - - - - - - - - - - - - - - - - - - - - - - - - - - - - - - - - - - - - - - - -

**解説** 最重要16の結晶の種類と特性に着目して識別していく。

　　**A**は「融点」が低く，電気を導かないことから，分子結晶であるナフタレンかスクロースであるが，水に溶けないことからナフタレンである。

　　**B**は「融点」が高い，電気を導きにくい，硬いことからダイヤモンドである。

　　**C**は「加熱融解すると導く」からイオン結晶であり，塩化ナトリウムである。

　　**D**は「電気に対する性質」において，「よく導く」なので金属であり，ナトリウムか鉄である。融点が低く，やわらかいことからナトリウムである。

**答** **A：オ**　　**B：エ**　　**C：ア**　　**D：イ** ◀── 水と反応して水素を発生。

## 最重要 18 **金属結晶の構造**では，次の **2 点**を理解しておく。

**1** 金属の結晶 ⇨ 体心立方格子 面心立方格子 六方最密構造

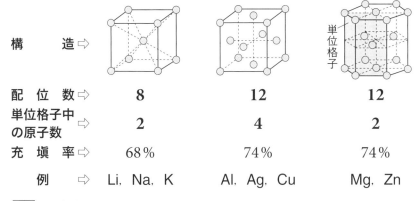

| | 体心立方格子 | 面心立方格子 | 六方最密構造 |
|---|---|---|---|
| 構　　　造 ⇨ | | | 単位格子 |
| 配　位　数 ⇨ | **8** | **12** | **12** |
| 単位格子中の原子数 ⇨ | **2** | **4** | **2** |
| 充　填　率 ⇨ | 68% | 74% | 74% |
| 例 ⇨ | Li, Na, K | Al, Ag, Cu | Mg, Zn |

解説 ▶ **配位数**：1 つの原子に接している原子の数。
　　　▶ **充填率**：単位格子の体積に占める原子の体積の割合。
　　　▶ **単位格子中の原子数の求め方**：単位格子の立方体の 8 個の頂点は 8 つの単位格子に属しているから，頂点の単位格子中の原子数は，$\frac{1}{8} \times 8 = 1$ 個

　　⇨ ┌ **体心立方格子**：さらに中心に 1 個の原子があるから，$1 + 1 = \mathbf{2}$ 個
　　　└ **面心立方格子**：さらに面の原子は 2 つの単位格子に属し，面は 6 個あるから，

　　　$\frac{1}{2} \times 6 = 3$　よって，$1 + 3 = \mathbf{4}$ 個

**2** 単位格子の一辺が $l$〔cm〕，
金属原子球の半径が $r$〔cm〕のとき，
┌ **体心立方格子** ⇨ $4r = \sqrt{3}\, l$
└ **面心立方格子** ⇨ $4r = \sqrt{2}\, l$

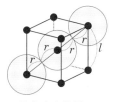

体心立方格子　　　　　面心立方格子

解説 ▶ 体心立方格子は，単位格子の立方体の対角線が $4r$〔cm〕，
　　　　　　　　　　　　　　　　└── $\sqrt{3}\, l$
　　　面心立方格子は，単位格子の面の対角線が $4r$〔cm〕である。
　　　　　　　　　　　　　　　└── $\sqrt{2}\, l$

　　鉄はふつう体心立方格子の$\alpha$鉄の結晶(単位格子の一辺の長さ0.29nm)であるが，911℃以上に加熱した後に急冷すると面心立方格子の$\gamma$鉄の結晶(単位格子の一辺の長さ0.36nm)に変化する。次の問いに答えよ。$\sqrt{2}=1.4$，$\sqrt{3}=1.7$

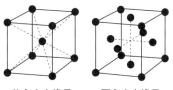

体心立方格子　　　面心立方格子

(1) 右図は，体心立方格子および面心立方格子の単位格子である。それぞれの単位格子内に含まれる原子の数は何個か。

(2) 図中の結晶格子で，ある1個の原子に最も隣接する原子の数はそれぞれ何個か。

(3) $\alpha$鉄と$\gamma$鉄とで，最も隣接する鉄原子間の距離を比較するとどちらが短いか。

(4) $\alpha$鉄と$\gamma$鉄の密度を比較するとどちらが大きいか。

- - - - - - - - - - - - - - - - - - - - - - - - - - - - - - - - - - - - - - - - - - - - - -

**解説** (1) 最重要18-**1**の単位格子中の原子数の計算で求められる。

　　　　(2) 最重要18-**1**の配位数を答えればよい。体心立方格子は，中心の原子に頂点の8個が接している。面心立方格子は，1つの面の中心原子に4個接し，その面が$x$軸・$y$軸・$z$軸それぞれに平行な場合の3通りずつあるから，$4\times3=12$個

　　　　(3) $\alpha$鉄と$\gamma$鉄の原子間距離を$s$, $s'$とすると，最重要18-**2**より，

$$\alpha鉄：2s=\sqrt{3}\times0.29 \qquad \therefore \quad s=\frac{\sqrt{3}\times0.29}{2}\fallingdotseq0.247\,nm$$

$$\gamma鉄：2s'=\sqrt{2}\times0.36 \qquad \therefore \quad s'=\frac{\sqrt{2}\times0.36}{2}\fallingdotseq0.252\,nm$$

　　　　(4) 鉄原子1個の質量を$w$〔g〕とすると，密度は，

$$\alpha鉄：\frac{2w}{0.29^3}\fallingdotseq82w\,〔g/nm^3〕 \qquad \gamma鉄：\frac{4w}{0.36^3}\fallingdotseq86w\,〔g/nm^3〕$$

**答** (1) 体心立方格子：**2個**　　面心立方格子：**4個**

　　(2) 体心立方格子：**8個**　　面心立方格子：**12個**

　　(3) $\alpha$**鉄**

　　(4) $\gamma$**鉄**

# 19 イオン結晶の構造では，次の **2** 点をおさえる。

**1** イオン結晶 ⇨

| NaCl | CsCl | ZnS |
|---|---|---|

構　　造 ⇨

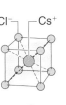

配位数 ⇨ **6**　　**8**　　**4**

単位格子中
のイオン数 ⇨ $Na^+;4, Cl^-;4$　$Cs^+;1, Cl^-;1$　$Zn^{2+};4, S^{2-};4$

**解説** ▶ NaClの単位格子に含まれるイオンの数の求め方

$Na^+$：辺の中央にある $Na^+$ は 4 つの単位格子に属し，辺は 12 本ある。

さらに中心に 1 個の $Na^+$ があるから，$\frac{1}{4} \times 12 + 1 = 4$ 個

$Cl^-$：$Na^+$ と同数であるから，4 個

▶ CsClの単位格子に含まれるイオンの数の求め方

$Cs^+$：中心に 1 個ある。

$Cl^-$：頂点にある $Cl^-$ は 8 つの単位格子に属し，頂点は 8 個あるので，$\frac{1}{8} \times 8 = 1$ 個

**補足** ZnS も同様に考えて，$Zn^{2+}$ は $1 \times 4 = 4$ 個であり，$S^{2-}$ は $\frac{1}{8} \times 8 + \frac{1}{2} \times 6 = 4$ 個である。

**2** 単位格子の一辺が $l$ 〔cm〕，

陽イオンの半径が $r^+$〔cm〕

陰イオンの半径が $r^-$〔cm〕のとき，

$$\begin{cases} NaCl \Rightarrow l = 2(r^+ + r^-) \\ CsCl \Rightarrow \sqrt{3}\, l = 2(r^+ + r^-) \end{cases}$$

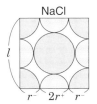

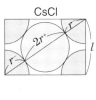

（**1** の図中の赤色の切り口を示したもの）

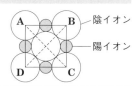

　塩化ナトリウム結晶の結晶格子の断面 **ABCD** が右図のようになる場合を考える。陽イオン半径を $a$〔cm〕，陰イオン半径を $b$〔cm〕として，このときのイオン半径比 $\dfrac{a}{b}$ を求めよ。

--------------------------------------------------------

**解説**　最重要 19－**2** より，NaClの結晶格子においては，

$$l = 2(a+b) \qquad\qquad\qquad\qquad\qquad\qquad\cdots\text{①}$$

図では，陰イオンどうしも接しているので，

$$\sqrt{2}\,l = 4b \qquad\qquad\qquad\qquad\qquad\qquad\cdots\text{②}$$

①，②より，$\dfrac{a}{b} = \sqrt{2} - 1$

**答**　$\sqrt{2} - 1$

# 6 ▶ 原子量・分子量と物質量

原子の**相対質量**と**原子量**の**違い**をおさえる。

**1** 原子の **相対質量** :「$^{12}C$ の質量を $12$」としたときの**各原子の相対的な質量。**

**解説** 同数の $^{12}C$ と元素 X の原子の質量がそれぞれ $a$〔g〕, $b$〔g〕のとき,元素 X の原子の相対質量を $x$ とすると, $a : b = 12 : x$

**2** 元素の **原子量** : $\left(\begin{array}{c}\text{同位体の}\\\text{相対質量}\end{array}\right) \times \dfrac{\text{存在比〔%〕}}{100}$ の和

**解説** ▶天然の元素の多くは同位体(⇨p.5)が存在し,その存在比は一定である。
▶**同位体の相対質量≒質量数** ⇨ 同位体の相対質量が示されてないときは,その質量数で計算する。

---

**例 題** **相対質量と原子量**

(1) $^{12}C$ の原子 1 個の質量は $1.993 \times 10^{-23}$ g であり,$^1H$ の原子 1 個の質量は $1.674 \times 10^{-24}$ g である。$^1H$ の原子の相対質量はどれだけか。
(2) 天然の塩素は $^{35}Cl$ と $^{37}Cl$ からなり,その存在比はそれぞれ75.8%,24.2%,相対質量は35.0,37.0である。塩素の原子量はどれだけか。

**解説** (1) $^1H$ の原子の相対質量を $x$ とすると,**最重要20−1**より,

$$1.993 \times 10^{-23} : 1.674 \times 10^{-24} = 12 : x \quad \therefore \quad x \fallingdotseq 1.008$$

(2) **最重要20−2**より,Cl の原子量 $= 35.0 \times \dfrac{75.8}{100} + 37.0 \times \dfrac{24.2}{100} \fallingdotseq 35.5$

**答** (1) **1.008** (2) **35.5**

反応する**元素の質量**(比)と**化学式**から
次の関係を用いて**原子量**を導くことができる。

## 「元素 A，Bの原子の質量比 ＝ 原子量比」

⇨ 原子数が$x:y$のときの質量比＝原子量と$x$，$y$の積の比。

解説 化学式$A_xB_y$（原子量 A；$M_A$，B；$M_B$）において，
**A の質量：B の質量 ＝ $M_A \times x : M_B \times y$**

---

例 題 **反応量と原子量**

金属 M を 5.4 g とり，酸素中で完全に燃焼させたところ，組成式 $M_2O_3$ で表される
金属酸化物 10.2 g が得られた。この金属の原子量を求めよ。酸素の原子量：16

解説 金属 M 5.4 g と反応した酸素の質量は，$10.2 - 5.4 = 4.8$ g
金属 M の原子量を$x$とすると，**最重要21** より，$5.4 : 4.8 = x \times 2 : 16 \times 3$
∴ $x = 27$

答 **27**

---

入試問題例 **原子量と存在比**　　　　　　　　　　　　　　　　　　東京工業大

酸化銅（I）1.429 g を水素により完全に還元したところ，銅 1.269 g が得られた。銅に
は 2 種類の同位体 $^{63}Cu$ と $^{65}Cu$ が存在する。$^{63}Cu$ の存在比は何％か。ただし，酸素の原
子量は 16.00，$^{63}Cu$．$^{65}Cu$ の相対質量はそれぞれ 62.93，64.93 とする。

--------------------------------------------------

解説 銅 1.269 g と結合していた酸素の質量は，$1.429 - 1.269 = 0.160$ g
**最重要21** より銅の原子量を$x$とすると，酸化銅（I）$Cu_2O$ より，
$1.269 : 0.160 = 2x : 16.00$　　∴　$x = 63.45$
**最重要20−2** より，$^{63}Cu$ の存在比を$y$〔％〕とすると，
$62.93 \times \dfrac{y}{100} + 64.93 \times \dfrac{100-y}{100} = 63.45$　　∴　$y = 74.0$％

答 **74.0％**

# 化学式から分子量・式量, さらに元素組成を求められるようにすること。

**1**
分子量；分子式を構成する元素の**原子量の総和**。

式　量；組成式やイオンを表す化学式を構成する元素の**原子量の総和**。

**2** 化学式中の各元素の**原子量比**＝化合物中の各元素の**質量比**

補足　化合物中の元素Aの元素組成〔％〕$=\dfrac{\text{Aの原子量×原子の個数}}{\text{分子量または式量}}\times 100$

---

**例題** 分子式と元素組成

エタン $C_2H_6$ について次の問いに答えよ。原子量；$H = 1.0$，$C = 12.0$
(1) エタンに含まれる炭素の質量パーセントはどれだけか。
(2) エタン $400\,g$ 中には炭素は何 $g$ 含まれているか。

---

解説 (1) $C_2H_6 = 30.0$　$\dfrac{12.0 \times 2}{30.0} \times 100 = 80\,\%$

(2) $400\,g \times \dfrac{80}{100} = 320\,g$

答 (1) **80 %**　(2) **320 g**

---

# 物質量(mol)について, 次の **2 点** を確実におさえ, 活用できるようにする。 ◀── 化学計算はmolで解く。

**1**
$\left.\begin{array}{l}\text{原 子}\\[2pt]\text{分 子}\\[2pt]\text{イオン}\end{array}\right\}$ $\boxed{\textbf{1 mol}}$ ⇨ $\left.\begin{array}{l}\text{原子数}\\[2pt]\text{分子数}\\[2pt]\text{イオン数}\end{array}\right\}$ $=\boxed{\textbf{6.02}\times\textbf{10}^{23}}$, 質量$=M\,\textbf{〔g〕}$

$M$：原子量, 分子量, 式量

解説 ▶ $6.02 \times 10^{23}$ 個の粒子(原子・分子・イオンなど)の集団が **1 mol (モル)** で, molを単位とする物質の量が**物質量**である。

▶**アボガドロ定数** $N_A$；1 molあたりの粒子の数。$N_A = 6.02 \times 10^{23}/mol$

▶**モル質量**〔g/mol〕；物質 1 molの質量。⇨ 上記のモル質量 $= M$〔g/mol〕

## 2 物質量 $n$〔mol〕・質量 $w$〔g〕・粒子数 $a$ の関係

$$n=\frac{w}{M}=\frac{a}{N_A} \qquad w=nM \qquad a=nN_A$$

$M$：モル質量〔g/mol〕　$N_A$：アボガドロ定数〔/mol〕

---

**例題**　物質量・質量・粒子数

　次の文中の〔　〕に数値を入れよ。原子量；H = 1.0，O = 16.0，Cl = 35.5，Ca = 40.0，アボガドロ定数；$6.0×10^{23}$/mol とする。
(1) 水分子 9.0 g の物質量は〔 (a) 〕mol で，原子の総数は〔 (b) 〕個である。
(2) 水に $CaCl_2$ を〔 (c) 〕g 溶かすと，0.20 mol の $Cl^-$ が生じる。

**解説**　最重要23−2の関係式を利用すればよい。

(1) $H_2O = 18.0$ より，

(a) $\dfrac{9.0}{18.0} = 0.50\,mol$

　　　　　　　　　　　── 水 1 分子あたり 3 個の原子

(b) $6.0×10^{23}×0.50×3 = 9.0×10^{23}$

(2) (c) $CaCl_2 \longrightarrow Ca^{2+} + 2Cl^-$，式量が $CaCl_2 = 111$ より，

$111×0.20×\dfrac{1}{2} = 11.1\,g ≒ 11\,g$

**答**　(a) **0.50**
(b) $\mathbf{9.0×10^{23}}$
(c) **11**

---

**入試問題例**　**金属の結晶構造とアボガドロ定数**　　　　センター試験

　銀の結晶は面心立方格子である。単位格子の一辺を $a$〔cm〕，モル質量を $W$〔g/mol〕，結晶の密度を $d$〔g/cm$^3$〕とすると，アボガドロ定数 $N_A$ を表す式は次のうちのどれか。

① $\dfrac{W}{a^3d}$　　② $\dfrac{2W}{a^3d}$　　③ $\dfrac{4W}{a^3d}$

④ $\dfrac{Wd}{a^3}$　　⑤ $\dfrac{2Wd}{a^3}$　　⑥ $\dfrac{4Wd}{a^3}$

- - - - - - - - - - - - - - - - - - - - - - - - - - - - - - - - - - - - - - - - - - - - - - -

**解説**　面心立方格子の単位格子中の原子数は 4 個（最重要18−1）で，その質量は $a^3d$〔g〕である。また，最重要23−1より，$W$〔g〕の原子数が $N_A$〔個〕であるので，

$$\frac{a^3d}{4} = \frac{W}{N_A} \qquad \therefore \quad N_A = \frac{4W}{a^3d}$$

**答**　③

# 気体1molの分子数・質量・体積を
## 確実におさえる。

気体はすべて分子である。

$$1\,mol\,の気体 \begin{cases} 分子数 ; 6.02 \times 10^{23}\,個 \\ 質\quad量 ; M\,〔g〕 \quad M : 分子量 \\ 体\quad積 ; \boxed{22.4\,L}\,(標準状態) \end{cases}$$

0℃, $1.013 \times 10^5$ Pa

**解説** 1molの気体が占める体積を**モル体積**という。標準状態のモル体積はどの気体でも 22.4L/mol。

---

**例題** 気体の体積と分子数・質量・分子量の関係

ある気体が標準状態で5.6Lある。次の問いに答えよ。
原子量：$O = 16.0$，アボガドロ定数は$6.0 \times 10^{23}$/molとする。
(1) この気体中に，分子は何個含まれているか。
(2) この気体が酸素であるとすると，質量は何gか。
(3) この気体の質量が4.0gとすると，この気体の分子量はどれだけか。

**解説** 最重要24の関係を利用して，比例式をたてると解ける。

(1) $22.4 : 5.6 = 6.0 \times 10^{23} : x$ ∴ $x = 1.5 \times 10^{23}$個
(2) 分子量が$O_2 = 32.0$より， $22.4 : 5.6 = 32.0 : y$ ∴ $y = 8.0$g
(3) $22.4 : 5.6 = z : 4.0$ ∴ $z = 16$

**答** (1) $\mathbf{1.5 \times 10^{23}}$**個**
(2) **8.0g**
(3) **16**

次の記述(1)～(3)のうち，正しいものには○，誤っているものには×を記せ。

原子量：H＝1.0，He＝4.0，C＝12.0，O＝16.0，S＝32.0

アボガドロ定数：$6.0 \times 10^{23}$/mol

(1) 水素分子$1.5 \times 10^{23}$個が標準状態で占める体積は5.8Lより大きい。

(2) 酸素4.8gとヘリウム10gの混合気体の分子数は$1.7 \times 10^{24}$個より小さい。

(3) $SO_2$ 9.6gが標準状態で占める体積は，$CO_2$ 6.8gが標準状態で占める体積より小さい。

- - - - - - - - - - - - - - - - - - - - - - - - - - - - - - - - - - - - - - - - - - - - - -

**解説**　最重要24をおさえていれば，解答できる。

(1) 水素分子の体積は，$22.4\,\mathrm{L} \times \dfrac{1.5 \times 10^{23}}{6.0 \times 10^{23}} = 5.6\,\mathrm{L}$

(2) $O_2 = 32.0$，$He = 4.0$より，　混合気体の分子数は，

$$6.0 \times 10^{23} \times \left( \frac{4.8}{32.0} + \frac{10}{4.0} \right) = 1.59 \times 10^{24}\text{個}$$

(3) $SO_2 = 64.0$，$CO_2 = 44.0$

$$\frac{9.6}{64.0} = 0.15\,\mathrm{mol}, \quad \frac{6.8}{44.0} \fallingdotseq 0.155\,\mathrm{mol}$$

1mol＝22.4Lと決まっているので，
物質量で比較すればよい。

**答**　(1) ✕　　(2) ○　　(3) ○

# 7 化学反応式と量的関係

## 化学反応式の計算では，「係数比＝物質量比」がポイント。

物質量(モル)を基準に比例計算する。

例 アンモニアの生成反応(分子量；$N_2 = 28$，$H_2 = 2.0$，$NH_3 = 17$)

$$\underline{N_2} \quad + \quad \underline{3}H_2 \quad \longrightarrow \quad \underline{2}NH_3$$

| | | | |
|---|---|---|---|
| 物質量 ⇨ | $\boxed{1\,\text{mol}}$ | $\boxed{3\,\text{mol}}$ | $\boxed{2\,\text{mol}}$ |
| 質　量 ⇨ | $28\,\text{g}$ | $3 \times 2.0\,\text{g}$ | $2 \times 17\,\text{g}$ |
| 体　積(標準状態) ⇨ | $22.4\,\text{L}$ | $3 \times 22.4\,\text{L}$ | $2 \times 22.4\,\text{L}$ |
| 体積比(同温・同圧) ⇨ | 1 | ： 3 | ： 2 |

解説 ▶$n\,[\text{mol}]$ $\begin{cases} 質量；nM\,[\text{g}]\,(M：分子量・式量) \\ 気体の体積；22.4n\,[\text{L}]\,(標準状態) \end{cases}$

▶同温・同圧の気体；係数比＝体積比

---

例題 化学反応式と量的関係

プロパンガス $C_3H_8$ を空気中で燃焼させると，次のように反応する。

$$C_3H_8 + 5O_2 \longrightarrow 3CO_2 + 4H_2O$$

原子量：$H = 1.0$，$C = 12.0$，$O = 16.0$として，問いに答えよ。

(1) プロパン $11.0\,\text{g}$ を空気中で燃焼させると，水は何g生じるか。また，生成する二酸化炭素は標準状態で何Lか。

(2) プロパン $2\,\text{L}$ と反応する酸素は何Lか。また，その反応により生成する二酸化炭素は何Lか。ただし，気体の体積はすべて同温・同圧とする。

解説 (1) $C_3H_8 = 44.0$ より， プロパン$11.0\,g$の物質量は，$\dfrac{11.0}{44.0} = 0.250\,mol$

化学反応式の係数より，$C_3H_8$ $1\,mol$から$H_2O$ $4\,mol$，$CO_2$ $3\,mol$が生じる。

$\begin{cases} \text{水の質量；分子量が}H_2O = 18.0\text{より，} \quad 0.250\,mol \times 4 \times 18.0\,g/mol = 18.0\,g \\ \text{二酸化炭素の体積；}0.250\,mol \times 3 \times 22.4\,L/mol = 16.8\,L \end{cases}$

(2) 化学反応式の係数より，$C_3H_8$ $1\,mol$と反応する$O_2$は$5\,mol$，生成する$CO_2$は$3\,mol$。同温・同圧において，係数比＝体積比なので，求める$O_2$の体積を$x\,[L]$，$CO_2$の体積を$y\,[L]$とすると，$1 : 5 : 3 = 2 : x : y$ ∴ $x = 10\,L$ $y = 6\,L$

答 (1) 水：**18.0 g** 二酸化炭素：**16.8 L** (2) 酸素：**10 L** 二酸化炭素：**6 L**

# 混合物の反応では，質量・体積からの式と「係数比＝物質量比」からの式を立てる。

**1** 混合物中の**成分物質**を $x\,[\mathbf{mol}]$，$y\,[\mathbf{mol}]$，…とおいて，**未知数と同じ数の方程式**を立てる。

解説 多くの場合，混合物の質量・体積からの方程式と，混合物の反応による化学反応式の「係数比＝物質量比」からの方程式ができるようになっている。

**2** 混合物が気体であり，反応前後などすべて**同温・同圧の体積**で示されているときは，成分気体を $x\,[\mathbf{L}]$，$y\,[\mathbf{L}]$，…とおいて，**未知数と同じ数の方程式**を立てる。

解説 この場合でも$x\,[mol]$，$y\,[mol]$，…とおいて解くことができるが，次の〔**入試問題例**〕のように，体積で数値がすべて与えられ，物質量に換算する必要がない場合は$x\,[L]$，$y\,[L]$としたほうがよい。

**入試問題例** 混合気体の物質量比 　　　　　　　横浜国大

　$H_2$，$O_2$，$He$の３種類の気体を混合し，体積$268.8\,L$，質量$216.0\,g$の混合気体をつくった。この混合気体中で$H_2$の燃焼反応を行ったところ，$H_2$は完全燃焼し，$H_2O$が生成した。生成した$H_2O$を取り除くと，$O_2$と$He$のみを含む混合気体が残り，その体積は$134.4\,L$となった。最初の混合気体中に含まれていた$H_2$，$O_2$，$He$の$mol$比を最も小さな整数の比で表せ。ただし，体積はいずれも標準状態のものとして考えよ。

原子量：$H = 1.0$，$He = 4.0$，$O = 16.0$

解説　最重要26-**1**より，最初の混合気体に含まれる$H_2$を$x$〔mol〕，$O_2$を$y$〔mol〕，He
を$z$〔mol〕とすると，燃焼前の体積が268.8 L，質量が216.0 gより，

$$22.4(x+y+z) = 268.8 \quad \cdots\cdots\cdots\cdots\cdots\cdots\cdots\cdots ①$$
$$2.0x + 32.0y + 4.0z = 216.0 \quad \cdots\cdots\cdots\cdots\cdots\cdots ②$$

$H_2$の完全燃焼の化学反応式は，$2H_2 + O_2 \longrightarrow 2H_2O$

　最重要25より，$H_2 : O_2 = 2 : 1$の物質量比で反応する。したがって，$H_2$が$x$〔mol〕，
$O_2$が$\dfrac{x}{2}$〔mol〕消費される。$H_2$を完全燃焼したあとの$O_2$とHeのみの混合気体の
体積が134.4 Lより，

$$22.4\left\{(x-x) + \left(y - \frac{x}{2}\right) + z\right\} = 22.4\left(y - \frac{x}{2} + z\right) = 134.4 \quad \cdots\cdots\cdots ③$$

①，②，③を解いて，$x = 4$，$y = \dfrac{44}{7}$，$z = \dfrac{12}{7}$

求める整数比は，$H_2 : O_2 : He = 4 : \dfrac{44}{7} : \dfrac{12}{7} = 7 : 11 : 3$

答　**7 : 11 : 3**

---

入試問題例　**混合気体と反応量と体積**　　　　　　　　　　　東京女子大

　メタンとプロパンの混合気体**A**がある。常温で，この混合気体**A** 1.0 Lを9.0 Lの酸素
と混合して完全燃焼させた。生成物をもとの温度にもどしたときの気体の体積は7.4 Lで
あった。もとの混合気体**A**に含まれるメタンの体積百分率〔%〕を求めよ。ただし，水の
体積は無視できるものとする。

- - - - - - - - - - - - - - - - - - - - - - - - - - - - - - - - - - - - - - - - - - - - - - - - - - - - - - - - - - - - - - - -

解説　最重要26-**2**より，メタン$x$〔L〕，プロパン$y$〔L〕とすると，

$$x + y = 1.0\,L \quad \cdots\cdots\cdots\cdots\cdots\cdots\cdots\cdots\cdots\cdots\cdots ①$$

　燃焼の化学反応式　$CH_4 + 2O_2 \longrightarrow CO_2 + 2H_2O$
　　　　　　　　　　$C_3H_8 + 5O_2 \longrightarrow 3CO_2 + 4H_2O$

において，係数比＝体積比（最重要25），また，生じた$H_2O$は液体であり，体積は
無視できるから，

$$(1.0 + 9.0) - \underline{(x + 2x + y + 5y)} + \underline{(x + 3y)} = 7.4\,L$$

　　　　　消費する気体の体積 ⟶　　　　⟵ 生成する気体の体積

　よって　$2x + 3y = 2.6 \quad \cdots\cdots\cdots\cdots\cdots\cdots\cdots\cdots\cdots\cdots ②$

①，②より，$x = 0.4\,L$，$y = 0.6\,L$

メタンの体積%は　$\dfrac{0.4}{1.0} \times 100 = 40\,\%$

答　**40%**

# 物質Aのある元素がすべて物質Bに移行する場合，物質Aと物質Bの化学式のみで求める。

## AとBの 化学式からわかる量的関係 より比例計算する。

例 塩化ナトリウム NaCl $x$〔g〕を原料として炭酸ナトリウム $Na_2CO_3$ $y$〔g〕をつくる場合，$NaCl$ の $Na$ はすべて $Na_2CO_3$ に移行する。式量：$NaCl = 58.5$，$Na_2CO_3 = 106.0$ より，$Na$ に着目して，

| | | $2NaCl$ | $\longrightarrow$ | $Na_2CO_3$ | ← 化学反応式を用いなくてよい。 |
|---|---|---|---|---|---|
| 物質量 | ⇨ | 2 mol | | 1 mol | |
| 質量 | ⇨ | $2 \times 58.5$ g | : | $106.0$ g | $= x : y$ |

---

**入試問題例**　**黄鉄鉱と硫酸の生成量**　　　　　　　　　　　　芝浦工大

硫酸は次の反応式によってつくられる。50％の硫酸 10 kg をつくるには，純度 80％の黄鉄鉱（主成分は $FeS_2$）何 kg が必要か。

$4FeS_2 + 11O_2 \longrightarrow 2Fe_2O_3 + 8SO_2$

$2SO_2 + O_2 \longrightarrow 2SO_3$

$SO_3 + H_2O \longrightarrow H_2SO_4$

原子量：$H = 1.0$，$O = 16$，$S = 32$，$Fe = 56$

---

**解説**　S について，$\underline{FeS_2} \longrightarrow 2SO_2 \longrightarrow 2SO_3 \longrightarrow \underline{2H_2SO_4}$

最重要27より，要する純粋な $FeS_2$ を $x$〔kg〕とすると，$FeS_2 = 120$，$H_2SO_4 = 98$ より，

$$\underline{120} : \underline{2 \times 98} = x : 10 \times \frac{50}{100} \qquad \therefore \quad x \fallingdotseq 3.06 \text{ kg}$$

　　　　 └ 1 mol　└ 2 mol

純度80％の黄鉄鉱の質量は，　$3.06 \times \dfrac{100}{80} \fallingdotseq 3.8$ kg

**答**　**3.8 kg**

# 8 ▸ 溶液の濃度

## 質量パーセント濃度は溶液 $100\,\mathrm{g}$ に，モル濃度は溶液 $1\,\mathrm{L}$ に着目。

### 1 質量パーセント濃度〔%〕

⇨ 溶液 $100\,\mathrm{g}$ 中の**溶質の g 数**で表す。

**解説** 溶液 $W$〔g〕（溶媒の質量＋溶質の質量）に溶質 $w$〔g〕が溶けている場合の質量パーセント濃度 $a$〔%〕は，

$$a = \frac{w}{W} \times 100 \ [\%]$$

### 2 モル濃度〔mol/L〕

⇨ 溶液 $1\,\mathrm{L}$ 中の**溶質の物質量(mol 数)**で表す。

**解説** 溶液 $V$〔L〕に溶質 $n$〔mol〕が溶けている溶液のモル濃度 $c$〔mol/L〕は，

$$c = \frac{n}{V} \ [\mathbf{mol/L}]$$

**補足** **質量モル濃度〔mol/kg〕**：溶媒 $1\,\mathrm{kg}$ に溶けている溶質の物質量(mol 数)で表す。

└── 溶媒の質量であることに注意。

沸点上昇・凝固点降下の計算(⇨p.112)に用いる。

**例 題** 質量パーセント濃度とモル濃度

NaOHの式量を40.0として，次の問いに答えよ。

(1) 水100gにNaOH 20.0gを溶かした水溶液の質量パーセント濃度はいくらか。

(2) (1)の水酸化ナトリウム水溶液の密度が$1.2\,g/cm^3$とすると，モル濃度はいくらか。

(3) 0.10 mol/Lの水酸化ナトリウム水溶液をつくるには，次のア～ウのどれが適当か。

　　ア　水1LにNaOHの固体4.0gを溶かす。

　　イ　水996gにNaOHの固体4.0gを溶かす。

　　ウ　NaOHの固体4.0gに水を加えて1Lとする。

**解説** (1) $\dfrac{20.0}{100 + 20.0} \times 100 ≒ 16.7\,\%$

　　　　　　　　　↖ 溶液＝溶媒＋溶質

(2) (1)の体積は，$\dfrac{120}{1.2} = 100\,mL$

　　　　　　　　　↖ モル濃度を求めるには溶液の体積が必要。

よって，モル濃度は，$\dfrac{20.0}{40.0} \times \dfrac{1000}{100} = 5.0\,mol/L$

(3) 溶液1L中にNaOH 0.10 mol（4.0g）を含む水溶液をつくる。

**答** (1) **16.7 %**

(2) **5.0 mol/L**

(3) **ウ**

# 質量パーセント濃度 ⇄ モル濃度 の換算は，次の **2点** がポイント。

## 1 質量パーセント濃度からモル濃度

⇨ **溶液1Lを基準にして溶質の物質量〔mol〕を求める。**

解説 $a$〔%〕で密度$d$〔g/cm³〕の溶液のモル濃度$c$〔mol/L〕は，溶質の分子量・式量を$M$とすると，

溶液1Lの質量

$$c = \overbrace{d \times 1000 \times \frac{a}{100}}^{} \times \frac{1}{M} \,〔\mathrm{mol/L}〕$$

溶液1L中の溶質の質量

## 2 モル濃度から質量パーセント濃度

⇨ **溶液100gを基準にして溶質の質量〔g〕を求める。**

解説 $c$〔mol/L〕で密度$d$〔g/cm³〕の溶液の質量パーセント濃度$a$〔%〕は，溶質の分子量・式量を$M$とすると，

溶液1L中の溶質の質量

$$a = \frac{cM}{1000d} \times 100 \,〔\%〕$$

溶液100g

溶液1Lの質量

次の(1)～(3)に答えよ。原子量：H = 1.0，C = 12，O = 16，S = 32

(1) 2.25％シュウ酸水溶液200 mLを固体のシュウ酸二水和物 $H_2C_2O_4 \cdot 2H_2O$ からつくりたい。シュウ酸二水和物は何g必要か。シュウ酸水溶液の密度を1.00 g/cm$^3$ とする。

(2) (1)の2.25％のシュウ酸水溶液のモル濃度はいくらか。

(3) 1.0 mol/Lの硫酸500 mLを濃度98％の濃硫酸からつくりたい。98％硫酸の密度を1.84 g/cm$^3$ とすると，この濃硫酸何mLが必要か。

- - - - - - - - - - - - - - - - - - - - - - - - - - - - - - - - - - - - - - - - - - - - - - - - - - - - - - -

解説　(1) 最重要29-**1** の式の1 L（1000 mL）を200 mLに換算すると，必要である $H_2C_2O_4$（分子量 = 90）の物質量は，

$$1.00 \times 200 \times \frac{2.25}{100} \times \frac{1}{90} = 0.050 \,\text{mol}$$

であり，これは必要な $H_2C_2O_4 \cdot 2H_2O$ の物質量に等しい。

式量は $H_2C_2O_4 \cdot 2H_2O = 126$ なので，$126 \times 0.050 = 6.3\,\text{g}$

(2) 溶液200 mL中にシュウ酸0.050 molが含まれるから，1 L（1000 mL）中に含まれるシュウ酸の物質量は，

$$0.050 \times \frac{1000}{200} = 0.25 \,\text{mol/L}$$

(3) 要する濃硫酸を $x$〔mL〕とし，最重要29-**1** の関係式を利用して解く。

1.0 mol/Lの硫酸500 mL中の $H_2SO_4$ の物質量と，必要な濃硫酸中の $H_2SO_4$ の物質量が等しくなることに着目すると，

分子量は $H_2SO_4 = 98$ より，

$$1.84 \times x \times \frac{98}{100} \times \frac{1}{98} = 1.0 \times \frac{500}{1000} \qquad \therefore \quad x \fallingdotseq 27 \,\text{mL}$$

答　(1) **6.3 g**

(2) **0.25 mol/L**

(3) **27 mL**

# 9 ▶ 酸・塩基とその量的関係

---

<table>
<tr><td>最重要<br>30</td><td>酸・塩基の定義について，ブレンステッド・<br>ローリーとアレニウスの違いをおさえる。</td></tr>
</table>

## 1 ブレンステッド・ローリーの定義

反応において，H⁺を
- 与えるもの ⇨ 酸
- 受け取るもの ⇨ 塩基

**解説** 反応によって，$H_2O$は，酸にも塩基にもなる。

## 2 アレニウスの定義

水溶液中で，
- H⁺を生じるもの ⇨ 酸
- OH⁻を生じるもの ⇨ 塩基

**解説** アレニウスの酸・塩基は，水溶液の性質（H⁺，OH⁻の電離）による分類であり，ブレンステッド・ローリーの酸・塩基は，反応におけるH⁺の授受による分類である。

**補足** 定義の問題はブレンステッド・ローリーの酸・塩基で出題され，その他の問題はアレニウスの酸・塩基で出題される。

| 例 題 | 酸・塩基の定義 |

次の化学反応式において，下線部の物質は，ブレンステッド・ローリーの酸・塩基の定義によると，酸・塩基のどちらか。

(1) $HCl + \underline{H_2O} \longrightarrow H_3O^+ + Cl^-$

(2) $\underline{Na_2CO_3} + HCl \longrightarrow NaHCO_3 + NaCl$

(3) $\underline{CH_3COONa} + H_2O \rightleftharpoons CH_3COOH + NaOH$

(4) $Na_2CO_3 + \underline{H_2O} \rightleftharpoons NaHCO_3 + NaOH$

**解説** 最重要30−**1**を理解していれば，簡単に解答できる。

(1) $HCl + \underline{H_2O} \longrightarrow H_3O^+ + Cl^-$　よって，塩基。

(2) $\underline{Na_2CO_3} + HCl \longrightarrow NaHCO_3 + NaCl$　よって，塩基。

(3) $\underline{CH_3COONa} + H_2O \rightleftharpoons CH_3COOH + NaOH$　よって，塩基。

(4) $Na_2CO_3 + \underline{H_2O} \rightleftharpoons NaHCO_3 + NaOH$　よって，酸。

**答** (1) **塩基**　(2) **塩基**　(3) **塩基**　(4) **酸**

# 酸・塩基の強弱の意味と 3つの強酸, 4つの強塩基 をおさえておく。

これらはアレニウスの酸・塩基である。以下同様。

## 1 強酸：水に溶け，電離度が大きい酸。

完全に電離すると1。

⇨ | HCl | $H_2SO_4$ | $HNO_3$ |
塩酸　　　硫酸　　　硝酸

**解説** ▶酸は水溶液中で電離して$H^+$を生じ，酸性を示す。電離度の大きい酸は$H^+$を多く生じ，強い酸性を示す。⇨ $H^+$は水溶液中で$H_3O^+$(オキソニウムイオン)として存在する。 例 塩酸；$HCl \longrightarrow H^+ + Cl^-$ ⇨ $HCl + H_2O \longrightarrow H_3O^+ + Cl^-$
▶強酸の電離度は1とみなす。

**補足** 弱酸：電離度の小さい酸。酢酸$CH_3COOH$，硫化水素$H_2S$，二酸化炭素$CO_2$，リン酸$H_3PO_4$など。◀── リン酸は弱酸の中では比較的強い酸。

## 2 強塩基：水に溶け，電離度が大きい塩基。

⇨ | NaOH | KOH |
水酸化ナトリウム　水酸化カリウム
$Ca(OH)_2$　　$Ba(OH)_2$
水酸化カルシウム　水酸化バリウム

**解説** ▶塩基は水溶液中で電離して$OH^-$を生じ，塩基性(アルカリ性)を示す。強塩基は水に溶けて電離し，多くの$OH^-$を生じ，強い塩基性を示す。
▶強塩基の電離度は1とみなす。

**補足** 水酸化マグネシウム$Mg(OH)_2$，水酸化銅(Ⅱ) $Cu(OH)_2$，水酸化鉄(Ⅱ) $Fe(OH)_2$などの金属水酸化物の多くは水に溶けにくく**弱塩基**である。また，アンモニア$NH_3$は水酸化物でないが，水に溶けて一部電離し(電離度が小さい)，次のように$OH^-$を生じるから弱塩基である。

$NH_3 + H_2O \rightleftharpoons NH_4^+ + OH^-$

**最重要 32** 酸と塩基の中和反応では，次の**2点**をおさえておくこと。

**1** 酸 ＋ 塩基 $\xrightarrow{\text{中和}}$ 塩 ＋ 水

> **解説** 塩とは，酸の陰イオンと塩基の陽イオンからなる物質。酸と塩基から水がとれて生成する。

**2** 中和反応 ⇨ $H^+ + OH^- \longrightarrow H_2O$ ← **1**の化学反応式

> **解説** 中和反応 ⇨ 　酸水溶液　＋　塩基水溶液　　→　　　塩　　＋　水
> 　　　　　　　　　　HCl　　＋　　NaOH　　→　　NaCl　＋ $H_2O$
> 水溶液中 ⇨ $H^+ + Cl^- + Na^+ + OH^- \longrightarrow Na^+ + Cl^- + H_2O$
> 変　　化 ⇨ 　$H^+$　＋　　$OH^-$　　→　　　　　　　$H_2O$

---

**最重要 33** 酸と塩基の中和の計算は，次で求める。

$$酸のH^+の物質量＝塩基のOH^-の物質量$$

〔酸の$H^+$，塩基の$OH^-$の物質量の導き方〕← 次の2つしかないので，確実に。

**1** $c$〔mol/L〕の$n$価の $\left\{ \begin{matrix} 酸 \\ 塩基 \end{matrix} \right\}$ 溶液 $V$〔L〕中の $\left\{ \begin{matrix} H^+ \\ OH^- \end{matrix} \right\}$ の物質量

⇨ $cVn$〔mol〕← 溶液の体積$V$〔L〕が与えられているときはこれ。

**2** 分子量・式量$M$の$n$価の $\left\{ \begin{matrix} 酸 \\ 塩基 \end{matrix} \right\}$ $W$〔g〕中の $\left\{ \begin{matrix} H^+ \\ OH^- \end{matrix} \right\}$ の物質量

⇨ $\dfrac{Wn}{M}$〔mol〕← 酸・塩基の質量$W$〔g〕が与えられているときはこれ。

> **解説** ▶酸の化学式中で，水素イオン$H^+$になることができる水素原子Hの数を**酸の価数**という。また，塩基の化学式中で，水酸化物イオン$OH^-$になることができるOHの数を**塩基の価数**という。
> ▶**1価の酸**：HCl，$HNO_3$，$CH_3COOH$　**2価の酸**：$H_2SO_4$，$H_2S$，$CO_2$
> 　**1価の塩基**：NaOH，KOH，$NH_3$　**2価の塩基**：$Ca(OH)_2$，$Ba(OH)_2$
> 　　　　　　　　　　　　　　　　　└── OHをもたないのになぜ1価の塩基
> 　　　　　　　　　　　　　　　　　なのかは最重要31－**2**を参照。

次の(1)，(2)の問いに答えよ。原子量：H = 1.0，O = 16.0，Ca = 40.0

(1) 0.20 mol/L の希硫酸 20.0 mL を中和するのに，0.10 mol/L の水酸化ナトリウム水溶液何 mL が必要か。

(2) 0.20 mol/L の希塩酸 50.0 mL を中和するのに，水酸化カルシウム何 g を要するか。

**解説** (1) 最重要 33 – **1** を利用して解く。「酸の H⁺ の物質量 = 塩基の OH⁻ の物質量」より，要する水酸化ナトリウム水溶液を $x$〔mL〕とすると，

$$\underbrace{0.20 \times \frac{20.0}{1000} \times \overset{\text{価数}}{2}}_{H_2SO_4} = \underbrace{0.10 \times \frac{x}{1000} \times 1}_{NaOH} \qquad \therefore \quad x = 80 \text{ mL}$$

(2) 水酸化カルシウムについては最重要 33 – **2** を利用する。「酸の H⁺ の物質量 = 塩基の OH⁻ の物質量」より，要する水酸化カルシウムを $x$〔g〕とすると，式量は $Ca(OH)_2 = 74.0$ より，

$$\underbrace{0.20 \times \frac{50.0}{1000} \times 1}_{HCl} = \underbrace{\frac{x}{74.0} \times \overset{\text{価数}}{2}}_{Ca(OH)_2} \qquad \therefore \quad x = 0.37 \text{ g}$$

**答** (1) **80 mL**

(2) **0.37 g**

# 中和滴定に用いる3つの器具とその使用方法, また, 器具の洗浄についてもおさえる。

**1**
| ホールピペット | ：一定体積（10〜25 mL）の水溶液をとる。 |
| メスフラスコ | ：一定濃度の水溶液（100〜250 mL）をつくる。 |
| ビュレット | ：滴下した水溶液の体積をはかる。 |

**解説** いずれも正確な体積を示している。メスシリンダーや駒込ピペットなどは精度が低いため, 定量器具としては用いない。

または三角フラスコ

**2** 使用する場合
メスフラスコ, コニカルビーカー
⇨ 純水で洗い, ぬれたままでよい。
ホールピペット, ビュレット ⇨ とる試料液で洗う。

**解説** ▶メスフラスコは, 試料を入れた後, 純水を加えてうすめるため, また, コニカルビーカー（または三角フラスコ）は, 純水の有無は試料の量とは関係がないため, 使用するときに純水でぬれていてもよい。

▶ホールピペットやビュレットは, 純水でぬれているとはかりとった溶液の濃度がうすくなるから, あらかじめとる試料液で洗う。
共洗いという。

　酢酸水溶液Aの濃度を中和滴定によって決めるために，あらかじめ純水で洗浄した器具を用いて，次の操作1～3からなる実験を行った。

操作1　ホールピペットでAを10.0mLとり，これを100mLのメスフラスコに移し，純水を加えて100mLとした。これを水溶液Bとする。

操作2　別のホールピペットでBを10.0mLとり，これをコニカルビーカーに移し，指示薬を加えた。これを水溶液Cとする。

操作3　0.110mol/L水酸化ナトリウム水溶液Dをビュレットに入れて，Cを滴定した。

　操作1～3における実験器具の使い方として誤りを含むものを，次の①～⑤から1つ選べ。

① 操作1で，ホールピペットの内部に水滴が残っていたので，内部をAで洗って用いた。

② 操作1で，メスフラスコの内部に水滴が残っていたが，そのまま用いた。

③ 操作2で，コニカルビーカーの内部に水滴が残っていたので，内部をBで洗ってから用いた。

④ 操作3で，ビュレットの内部に水滴が残っていたので，内部をDで洗って用いた。

⑤ 操作3で，コック(活栓)を開いてビュレットの先端部分までDを満たしてから滴定を始めた。

- - - - - - - - - - - - - - - - - - - - - - - - - - - - - - - - - - - - - - - - - - - - -

解説　最重要34－2をおさえておけば解答できる。

　　① ホールピペットは，とる試料液であるAで洗う必要がある。

　　② メスフラスコはAを入れた後，純水でうすめるので，水滴が残ったまま使用してもよい。

　　③ コニカルビーカーを共洗いすると，Cの溶質の物質量が変化してしまう。

　　④ ビュレットは，滴定に使うDで洗う必要がある。

　　⑤ ビュレットは，滴定を始める前に先端部分を溶液で満たしておく。

答　③

市販の食酢中の酢酸含量を調べるため，次の実験**A**，**B**を行った。問いに答えよ。

実験**A**：0.630 g のシュウ酸二水和物 $H_2C_2O_4 \cdot 2H_2O$（式量 126）をビーカー中で少量の純水に溶かした後，この水溶液とビーカーの洗液を〔 (a) 〕に入れ，純水を加えて正確に 100 mL にした。このシュウ酸水溶液を〔 (b) 〕で正確に 10.0 mL はかりとって三角フラスコに入れ，〔 (c) 〕溶液を 2〜3 滴加えた。この三角フラスコ中の溶液を〔 (d) 〕に入れた水酸化ナトリウム水溶液で滴定したら，12.5 mL 滴下したところで三角フラスコ中の溶液が淡い赤色になった。

実験**B**：市販の食酢を純水で正確に 10 倍にうすめた溶液を 10.0 mL はかりとり，実験**A**と同様の操作により実験**A**で用いた水酸化ナトリウム水溶液で滴定したら，8.75 mL 滴下したところで中和が完了した。

(1) 文中の空欄(a)〜(d)に適当な実験器具あるいは指示薬名を記せ。

(2) 実験**A**で用いた ① シュウ酸水溶液，② NaOH 水溶液 のモル濃度を求めよ。

(3) 市販の食酢中の酢酸のモル濃度を求めよ。酸は酢酸のみとする。

--------------------------------------------------------------------

解説　(1) 最重要34−**1**による。

(a) 「正確に100 mL にした」からメスフラスコ。

(b) 「正確に10.0 mL はかり」からホールピペット。

(c) 弱酸のシュウ酸と強塩基の水酸化ナトリウムでの中和滴定の場合はフェノールフタレイン（⇨p.55）。

(d) 溶液の滴下体積をはかることからビュレット。

(2) ① $\dfrac{0.630}{126} \times \dfrac{1000}{100} = 5.00 \times 10^{-2}\,mol/L$

② 最重要33による。NaOH水溶液を $x\,[mol/L]$ とすると，

$5.00 \times 10^{-2} \times \dfrac{10.0}{1000} \times 2 = x \times \dfrac{12.5}{1000} \times 1$　　∴　$x = 8.00 \times 10^{-2}\,mol/L$

(3) 市販の食酢中の酢酸を $y\,[mol/L]$ とすると，10倍にうすめた溶液で滴定したから，

$\dfrac{y}{10} \times \dfrac{10.0}{1000} \times 1 = 8.00 \times 10^{-2} \times \dfrac{8.75}{1000} \times 1$　　∴　$y = 0.700\,mol/L$

答　(1) (a) **メスフラスコ**　(b) **ホールピペット**　(c) **フェノールフタレイン**
　　(d) **ビュレット**
(2) ① **$5.00 \times 10^{-2}\,mol/L$**　② **$8.00 \times 10^{-2}\,mol/L$**
(3) **$0.700\,mol/L$**

# 10 ▶ pHと滴定曲線

> pHは，次の**3つ**から求める。

**1**
$$[H^+]=（1価の酸のモル濃度）×（電離度）$$
└── 水素イオンH⁺のモル濃度

$$[OH^-]=（1価の塩基のモル濃度）×（電離度）$$
└── 水酸化物イオンOH⁻のモル濃度

補足　強酸，強塩基水溶液の電離度は1とする。

**2** 水のイオン積 ; $[H^+][OH^-]=1.0×10^{-14}\,(mol/L)^2$

解説　水は，$H_2O \rightleftarrows H^+ + OH^-$のように電離し，一定温度では，$[H^+]$と$[OH^-]$の積は一定であり，25℃では$1.0×10^{-14}\,(mol/L)^2$である。

**3** $[H^+]=1.0×10^{-a}\,mol/L \Rightarrow \boxed{pH=a}$　$\boxed{pH=-\log_{10}[H^+]}$

補足　酸　性 $\Rightarrow [H^+]>[OH^-]$　$[H^+]>1.0×10^{-7}\,mol/L$　pH<7
　　　中　性 $\Rightarrow [H^+]=[OH^-]$　$[H^+]=1.0×10^{-7}\,mol/L$　pH=7
　　　塩基性 $\Rightarrow [H^+]<[OH^-]$　$[H^+]<1.0×10^{-7}\,mol/L$　pH>7

**例 題** 酸・塩基の水溶液のpH

次の水溶液のpHを求めよ。$\log_{10}2.0 = 0.3$

(1) 0.010 mol/L の塩酸　　(2) 0.010 mol/L の水酸化ナトリウム水溶液

(3) 0.10 mol/L の酢酸水溶液，電離度0.010　　(4) 0.020 mol/L の塩酸

**解説** (1) 最重要35−**1**より，強酸の水溶液の電離度は1とみなすので，

$$[\text{H}^+] = 0.010\,\text{mol/L} = 1.0 \times 10^{-2}\,\text{mol/L} \quad \therefore \quad \text{pH} = 2$$

(2) 最重要35−**1**，**2**より，強塩基の水溶液の電離度は1とみなすので，

$$[\text{OH}^-] = 0.010\,\text{mol/L}$$

$$[\text{H}^+] = \frac{1.0 \times 10^{-14}}{0.010} = 1.0 \times 10^{-12}\,\text{mol/L} \quad \therefore \quad \text{pH} = 12$$

(3) $[\text{H}^+] = 0.10 \times 0.010 = 1.0 \times 10^{-3}\,\text{mol/L} \quad \therefore \quad \text{pH} = 3$

(4) $\text{pH} = -\log_{10}[\text{H}^+]$ より求める（最重要35−**3**）。

$$[\text{H}^+] = 0.020\,\text{mol/L}$$

$$\text{pH} = -\log_{10}0.020 = -\log_{10}(2.0 \times 10^{-2}) = 2 - \log_{10}2.0 = 2 - 0.3 = 1.7$$

**答** (1) **2**　　(2) **12**　　(3) **3**　　(4) **1.7**

**入試問題例** 中和とpH

神戸薬大改

(1) pHが11である1価の塩基の水溶液20 mLを中和するのに0.10 mol/Lの塩酸10 mL が必要であった。この塩基の電離度はいくらか。

(2) 0.10 mol/L希硫酸10 mLに0.20 mol/L水酸化ナトリウム水溶液を加えたところ，混合液のpHは13になった。加えた水酸化ナトリウム水溶液は何mLか。

- - - - - - - - - - - - - - - - - - - - - - - - - - - - - - - - - - - - - - - - - -

**解説** (1) 最重要33より，この塩基水溶液を$x$〔mol/L〕とすると，

$$\frac{x \times 20}{1000} \times 1 = \frac{0.10 \times 10}{1000} \times 1 \quad \therefore \quad x = 0.050\,\text{mol/L}$$

最重要35−**3**より，pH = 11のとき，$[\text{H}^+] = 1.0 \times 10^{-11}\,\text{mol/L}$

さらに最重要35−**2**より，$[\text{H}^+][\text{OH}^-] = 1.0 \times 10^{-14}\,(\text{mol/L})^2$なので，

$$[\text{OH}^-] = \frac{1.0 \times 10^{-14}}{1.0 \times 10^{-11}} = 1.0 \times 10^{-3}\,\text{mol/L}$$

最重要35−**1**より，電離度を$\alpha$とすると，$1.0 \times 10^{-3} = 0.050 \times \alpha \quad \therefore \alpha = 0.020$

(2) 最重要35−**2**，**3**より，pH = 13から，$[\text{OH}^-] = \dfrac{1.0 \times 10^{-14}}{1.0 \times 10^{-13}} = 0.10\,\text{mol/L}$

最重要33−**1**より，NaOH水溶液を$x$〔mL〕とすると，

$$\left(\frac{0.20 \times x}{1000} \times 1 - \frac{0.10 \times 10}{1000} \times 2\right) \times \frac{1000}{10 + x} = 0.10 \quad \therefore \quad x = 30\,\text{mL}$$

**答** (1) **0.020**　　(2) **30 mL**

# 36 中和滴定曲線と酸・塩基の強弱および指示薬との関係を確実に理解せよ。

最重要31の3つの強酸，4つの強塩基を再確認。

## 1 中和滴定曲線の中和点は，酸・塩基の強いほうに片寄る。

**解説** 酸と塩基が過不足なく反応して，中和反応が完了する点を**中和点**という。

**補足** 強酸と強塩基の中和では，中和点がどちらにも片寄らない。

## 2 変色域がフェノールフタレインは塩基性，メチルオレンジは酸性であるため，中和滴定の指示薬は次のとおり。

| 水溶液 | 中和点 | 指示薬 |
|---|---|---|
| 強酸と強塩基 | どちらにも片寄らない | フェノールフタレイン，メチルオレンジのどちらでもよい |
| 弱酸と強塩基 | 塩基性側に片寄る | フェノールフタレイン |
| 強酸と弱塩基 | 酸性側に片寄る | メチルオレンジ |

**解説**

| 〔指示薬〕 | 〔酸性←→塩基性〕 | 〔変色域〕 |
|---|---|---|
| フェノールフタレイン | 無色←→赤色 | pH 8.0～9.8 |
| メチルオレンジ | 赤色←→橙黄色 | pH 3.1～4.4 |

## 例 題　酸・塩基の中和滴定曲線と指示薬

次の(1)～(3)の水溶液の中和滴定曲線は，**ア**～**エ**のどれにあてはまるか。また，指示薬を**a**～**d**より選べ。溶液はいずれも0.1mol/Lとする。

(1) 酢酸と水酸化ナトリウム水溶液
(2) 塩酸とアンモニア水
(3) 塩酸と水酸化ナトリウム水溶液

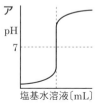 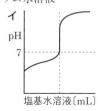 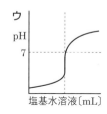 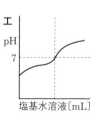

**a**　リトマス
**b**　フェノールフタレイン，メチルオレンジのどちらでもよい
**c**　フェノールフタレイン
**d**　メチルオレンジ

解説　(1) 弱酸の酢酸と強塩基の水酸化ナトリウム水溶液の中和であるから，中和点が塩基性側に片寄り，指示薬は<u>フェノールフタレイン</u>である。
　　　　　　　　　　　　　　　　　　↳ 変色域が塩基性。

　　　(2) 強酸の塩酸と弱塩基のアンモニア水の中和だから，中和点が酸性側に片寄り，指示薬は<u>メチルオレンジ</u>である。
　　　　　　　　　　　　　　　↳ 変色域が酸性。

　　　(3) 強酸の塩酸と強塩基の水酸化ナトリウム水溶液の中和であるから，中和点はどちら側にも片寄らないので，フェノールフタレイン，メチルオレンジのどちらでもよい。

答　(1) **イ**，**c**
　　(2) **ウ**，**d**
　　(3) **ア**，**b**

# 最重要 37

## 塩の水溶液の性質(酸性・塩基性)については，次の **2点** が重要。

### 1 正塩の水溶液では，酸・塩基の**強いほうの性質**を示す。

**強酸**と**強塩基**の正塩の水溶液 ⇨ ほぼ**中性**

例 $NaCl$（$NaOH$と$HCl$との正塩），$K_2SO_4$（$KOH$と$H_2SO_4$との正塩）

**強酸**と**弱塩基**の正塩の水溶液 ⇨ 加水分解して**酸性**

例 $NH_4Cl$（$NH_3$と$HCl$との正塩），$CuSO_4$（$Cu(OH)_2$と$H_2SO_4$との正塩）

**弱酸**と**強塩基**の正塩の水溶液 ⇨ 加水分解して**塩基性**

例 $CH_3COONa$（$CH_3COOH$と$NaOH$との正塩）

解説 ▶加水分解の例 $CH_3COONa$水溶液について(⇨p.140)：
$CH_3COONa \longrightarrow CH_3COO^- + Na^+$ のように完全に電離し，$CH_3COO^-$の一部が水と次のように反応(加水分解)して$OH^-$を生じて塩基性を示す。
$CH_3COO^- + H_2O \rightleftarrows CH_3COOH + OH^-$

▶ 正　　塩：$H^+$，$OH^-$を含まない塩。
　 酸 性 塩：$H^+$が含まれている塩。
　 塩基性塩：$OH^-$が含まれている塩。
「正塩だから中性」「酸性塩だから酸性」とは限らないので注意すること。

### 2 酸性塩の水溶液は，酸性を示すとは限らない。

解説 ▶炭酸水素ナトリウム$NaHCO_3$は，次のように電離，加水分解して塩基性を示す。
$NaHCO_3 \longrightarrow Na^+ + HCO_3^-$　　$HCO_3^- + H_2O \rightleftarrows H_2CO_3 + \underline{OH^-}$
▶硫酸水素ナトリウム$NaHSO_4$は，次のように電離して酸性を示す。
$NaHSO_4 \longrightarrow Na^+ + HSO_4^-$　　$HSO_4^- \rightleftarrows \underline{H^+} + SO_4^{2-}$

---

**例 題** | 塩の水溶液の性質

次の塩$A \sim C$の水溶液の液性を記せ。
A　$KHSO_4$　　　B　$Na_2CO_3$　　　C　$Ca(NO_3)_2$

解説 A：酸のHを含む酸性塩であり，次のように電離する。
$KHSO_4 \longrightarrow K^+ + HSO_4^-$　　$HSO_4^- \rightleftarrows H^+ + SO_4^{2-}$ より，酸性。
B：弱酸の$H_2CO_3$と強塩基の$NaOH$の正塩であるから，水溶液は塩基性。
C：強酸の$HNO_3$と強塩基の$Ca(OH)_2$の正塩であるから，中性。

答 A：酸性　B：塩基性　C：中性

**最重要**

**38**

# Na₂CO₃ 水溶液と塩酸の 2 段階中和 は、次の **2 点**をおさえる。

NaOHが含まれたり、$H_2SO_4$の場合も次の 2 段階中和を基準にして解く。

**1** **2 価の弱塩基の中和滴定**として次の 2 段階で中和反応が起こる。

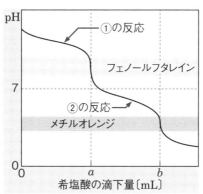

① **塩酸 0〜$a$〔mL〕の反応**

$Na_2CO_3$ + HCl ⟶ $NaHCO_3$ + NaCl
　　　　　強酸

⇨ **フェノールフタレイン**

② **塩酸 $a$〜$b$〔mL〕の反応**

$NaHCO_3$ + HCl ⟶ NaCl + $H_2O$ + $CO_2$

⇨ **メチルオレンジ**

└── 水溶液中では $H_2CO_3$（弱酸）

**2** **1**の①と②は反応する塩酸の体積が等しい。そして反応する塩基と酸の**物質量**には次の関係がある。

$$\boxed{Na_2CO_3 = ①の HCl = ②の HCl}$$

炭酸ナトリウムと水酸化ナトリウムの混合物を水に溶かした水溶液20 mLをビーカーにとり，指示薬①を用いて0.10 mol/Lの希塩酸で滴定した。指示薬①の変色後，さらに指示薬②を加えて滴定を続けた。右のグラフはその滴定曲線で，Ⅰ，Ⅱはそれぞれ指示薬①，②の示した終点である。

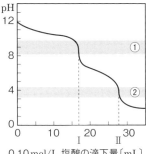

(1) グラフ中の①，②は，それぞれの指示薬の変色域を示している。指示薬①，②の名前を書け。

(2) Ⅰまでに起こった反応およびⅠ～Ⅱの間で起こった反応をそれぞれ化学反応式ですべて書け。

0.10 mol/L 塩酸の滴下量 [mL]

(3) Ⅰ，Ⅱにおける塩酸の滴下量はそれぞれ17.0 mLと28.0 mLであった。はじめの水溶液中の炭酸ナトリウムと水酸化ナトリウムのモル濃度を求めよ。

--------------------------------------------------------------------------------

**解説**　(1) 最重要38-**1**より，①は，フェノールフタレイン，②は，メチルオレンジ。

(2) 0～Ⅰの反応は，$Na_2CO_3 + HCl \longrightarrow NaHCO_3 + NaCl$，
　　　　　　　$NaOH + HCl \longrightarrow NaCl + H_2O$ ←——— NaOHの中和反応はⅠで完結する。
　Ⅰ～Ⅱの反応は，$NaHCO_3 + HCl \longrightarrow NaCl + H_2O + CO_2$

(3) 0～Ⅰ；17.0 mL，Ⅰ～Ⅱ；28.0 - 17.0 = 11.0 mL

最重要38-**2**より，$Na_2CO_3$および$NaHCO_3$と反応する$HCl$の物質量が等しいことから，$Na_2CO_3$の物質量は，$0.10 \times \dfrac{11.0}{1000} = 1.1 \times 10^{-3}$ mol

$Na_2CO_3$水溶液のモル濃度は，$1.1 \times 10^{-3} \times \dfrac{1000}{20} = 5.5 \times 10^{-2}$ mol/L

0～Ⅰで滴下した17.0 mLのうち，Ⅰ～Ⅱの滴下量と同じ11.0 mLが$Na_2CO_3$との反応に使われるので，

$NaOH$水溶液のモル濃度は，$0.10 \times \dfrac{17.0 - 11.0}{1000} \times \dfrac{1000}{20} = 3.0 \times 10^{-2}$ mol/L

**答**　(1) ① **フェノールフタレイン**　② **メチルオレンジ**

(2) Ⅰまで：$Na_2CO_3 + HCl \longrightarrow NaHCO_3 + NaCl$，
　　　　　　$NaOH + HCl \longrightarrow NaCl + H_2O$
　Ⅰ～Ⅱ：$NaHCO_3 + HCl \longrightarrow NaCl + H_2O + CO_2$

(3) 炭酸ナトリウム：$\mathbf{5.5 \times 10^{-2}}$ **mol/L**
　　水酸化ナトリウム：$\mathbf{3.0 \times 10^{-2}}$ **mol/L**

# 11 ▶ 酸化還元反応

**最重要 39** 酸化・還元について，まず，次の表の**酸素・水素・電子・酸化数**の関係をおさえる。

| | 酸化された | 還元された |
|---|---|---|
| 酸素　O | 受け取った（増加した） | 失った（減少した） |
| 水素　H | 失った（減少した） | 受け取った（増加した） |
| 電子　e⁻ | **失った**（減少した） | **受け取った**（増加した） |
| 酸化数 | **増加した** | **減少した** |

**解説** 酸化数とは，原子の状態を基準にして，授受した電子の数を示す数値である。

**最重要 40** 次の**酸化数の求め方**を確実に覚える。

**1** **単体 ⇨ 0，単原子イオン ⇨ 電荷**

**解説** $H_2$のHの酸化数は0，$Na^+$のNaの酸化数は+1。

**2** **化合物 ⇨ 合計 0**
**Na, K, H ⇨ +1，O ⇨ −2** ⎫を基準とする。

**多原子イオン**は，同じ基準で**合計を電荷**とする。

**解説** ▶ $Na_2SO_4$のSの酸化数$x$は，$(+1) \times 2 + x + (-2) \times 4 = \underline{\underline{0}}$　∴　$x = +6$
　　　└─ 化合物は合計が0。

▶ $NH_4^+$のNの酸化数$x$は，$x + (+1) \times 4 = \underline{\underline{+1}}$　∴　$x = -3$
　　　└─ 多原子イオンは合計が電荷。

▶ 例外として，$H_2O_2$ではOの酸化数が−1（Hの酸化数+1を基準とする）。

▶ NaHではHの酸化数が−1（Naの酸化数+1を基準とする）。

**例 題** 酸化数

次の(1)～(4)の化学式の下線上の原子の酸化数を求めよ。

(1) $\underline{N}_2$  (2) $K_2\underline{Cr}_2O_7$  (3) $\underline{Mn}O_4{}^-$  (4) $\underline{Al}_2(SO_4)_3$

**解説** (1) 最重要40−**1**より，単体の酸化数は0。

(2) 最重要40−**2**より，$(+1) \times 2 + x \times 2 + (-2) \times 7 = 0$  ∴ $x = +6$

(3) 最重要40−**2**より，$x + (-2) \times 4 = -1$  ∴ $x = +7$

(4) $Al^{3+}$と$SO_4{}^{2-}$からなるイオン結合の物質だから，$x = +3$

**答** (1) **0**  (2) **+6**  (3) **+7**  (4) **+3**

---

## 酸化・還元の判別の原則と酸化還元反応の次のポイントをおさえておく。

**1** 酸化・還元の判別 $\begin{cases} \text{無機物質} \Rightarrow \textbf{酸化数}\text{の増減による。} \\ \text{有機化合物} \Rightarrow \textbf{O・H}\text{の増減による。} \end{cases}$ 〕これが原則。

**解説** ▶無機物質 $\begin{cases} \text{電子を失った} \Rightarrow \text{酸化数が増加} \Rightarrow \text{酸化された。} \\ \text{電子を受け取った} \Rightarrow \text{酸化数が減少} \Rightarrow \text{還元された。} \end{cases}$

▶有機化合物 $\begin{cases} \text{Oが増加(減少)した} \Rightarrow \text{酸化(還元)された。} \\ \text{Hが増加(減少)した} \Rightarrow \text{還元(酸化)された。} \end{cases}$

**2** 酸化還元反応；酸化数が変化する反応。

⇒ **単体が関係**(単体が反応または生成)**する反応**は，酸化還元反応。

**補足** 酸化と還元は同時に起こる。⇒ 酸化されたものがあれば，還元されたものがある。

### 単体が関係しない酸化還元反応

単体が関係していない(化合物のみの)反応は，次の3パターンが出題される。

① $2HgCl_2 + SnCl_2 \longrightarrow Hg_2Cl_2 + SnCl_4$ ⎤
 $2FeCl_3 + SnCl_2 \longrightarrow 2FeCl_2 + SnCl_4$ ⎦ $SnCl_2$が酸化される。

② $SO_2 + H_2O_2 \longrightarrow H_2SO_4$  $SO_2 + PbO_2 \longrightarrow PbSO_4$
    └─── $SO_2$が酸化される。──┘

③ $\left.\begin{array}{l} KMnO_4 \\ K_2Cr_2O_7 \end{array}\right\} + H_2SO_4 + [SO_2, (COOH)_2, SnCl_2 など] \longrightarrow$ ……
    └── これらは強力な酸化剤。

61

**例 題** 酸化・還元と酸化還元反応

(1) 次の変化において，もとの物質が，酸化されたものにはO，還元されたものにはR，どちらでもないものにはNを記せ。

① $I_2 \longrightarrow KI$

② $FeCl_2 \longrightarrow FeCl_3$

③ $MnO_4^- \longrightarrow Mn^{2+}$

④ $SO_2 \longrightarrow SO_3^{2-}$

⑤ $CH_3CHO \longrightarrow CH_3COOH$

(2) 次の反応のうち，酸化還元反応でないものはどれか。

① $2KI + Cl_2 \longrightarrow 2KCl + I_2$

② $MnO_2 + 4HCl \longrightarrow MnCl_2 + 2H_2O + Cl_2$

③ $2NH_4Cl + Ca(OH)_2 \longrightarrow CaCl_2 + 2H_2O + 2NH_3$

④ $2HgCl_2 + SnCl_2 \longrightarrow Hg_2Cl_2 + SnCl_4$

**解説** (1) 酸化数の変化

① I：$0 \rightarrow -1$　よって，還元。

② Fe：$+2 \rightarrow +3$　よって，酸化。

③ Mn：$+7 \rightarrow +2$　よって，還元。

④ S：$+4 \rightarrow +4$　よって，どちらでもない。

⑤ 有機化合物の反応であるから，最重要41−**1**より，O・Hの増減による。
O が増加（C，H は変化がない）。よって，酸化。

(2) 最重要41−**2**をおさえれば解答できる。

①は $I_2$ と $Cl_2$，②は $Cl_2$ のように，単体が関係しているから酸化還元反応。

③は，酸化数の変化がなく，酸化還元反応ではない。

④は，酸化数が Hg：$+2 \rightarrow +1$　Sn：$+2 \rightarrow +4$　よって，酸化還元反応。

前ページの〈単体が関係しない酸化還元反応〉の① ⟶

**答** (1) ① **R** ② **O** ③ **R** ④ **N** ⑤ **O**

(2) ③

# 最重要 42 酸化剤・還元剤と反応における酸化・還元

との関係を確実に理解。 ← 反応の酸化・還元は受け身,
酸化剤・還元剤は能動的であることに着目。

**酸化剤** として作用 ⇨ **還元された**
　　　　　⇨ **酸化数が減少した原子**を含む。

**還元剤** として作用 ⇨ **酸化された**
　　　　　⇨ **酸化数が増加した原子**を含む。

**解説**
酸化剤：相手の物質を酸化する物質 ⇨ 自身は還元されやすい物質。
還元剤：相手の物質を還元する物質 ⇨ 自身は酸化されやすい物質。

---

**入試問題例** 酸化数の変化と酸化剤・還元剤　　　　　　　　　　日本女子大

次の反応式の下線上の物質は,酸化剤,還元剤のどちらとしてはたらいているか。

① $\underline{MnO_2}$ + 4HCl ⟶ $MnCl_2$ + $2H_2O$ + $Cl_2$

② $\underline{SO_2}$ + $Cl_2$ + $2H_2O$ ⟶ $H_2SO_4$ + 2HCl

③ $2HgCl_2$ + $\underline{SnCl_2}$ ⟶ $Hg_2Cl_2$ + $SnCl_4$

④ $\underline{H_2O_2}$ + 2KI + $H_2SO_4$ ⟶ $2H_2O$ + $I_2$ + $K_2SO_4$

- - - - - - - - - - - - - - - - - - - - - - - - - - - - - - - - - - - - - - -

**解説** 最重要42をおさえておけば解答できる。

① Mn：+4 → +2　酸化数が減少した原子を含むので,酸化剤。

② S：+4 → +6　酸化数が増加した原子を含むので,還元剤。

③ Sn：+2 → +4　酸化数が増加した原子を含むので,還元剤。

④ O：−1 → −2　酸化数が減少した原子を含むので,酸化剤。

**答** ① **酸化剤**　② **還元剤**　③ **還元剤**　④ **酸化剤**

**最重要 43** $H_2O_2$ と $SO_2$ の次の**特性**に着目する。

**1** $H_2O_2$；**酸化剤**であるが，$KMnO_4$ や $K_2Cr_2O_7$ とは**還元剤**として反応。

> 解説 酸化剤；$H_2O_2 + 2H^+ + 2e^- \longrightarrow 2H_2O$
> 還元剤；$H_2O_2 \longrightarrow \underline{O_2} + 2H^+ + 2e^-$
> 〔還元剤としてはたらく例〕
> $5H_2O_2 + 2KMnO_4 + 3H_2SO_4 \longrightarrow 5O_2 + 2MnSO_4 + K_2SO_4 + 8H_2O$

**2** $SO_2$；**還元剤**であるが，$H_2S$ とは**酸化剤**として反応。

> 解説 還元剤；$SO_2 + 2H_2O \longrightarrow \underline{SO_4^{2-}} + 4H^+ + 2e^-$
> 酸化剤；$SO_2 + 4H^+ + 4e^- \longrightarrow \underline{S} + 2H_2O$
> 〔酸化剤としてはたらく例〕
> $SO_2 + 2H_2S \longrightarrow 3S + 2H_2O$

 **最重要 44** 酸化還元反応の**イオン反応式**は，次の **4 点**が重要。

**1** 両辺の各元素の**原子数の合計と電荷の合計**が互いに**等しい**。
　 **酸化数の差 = 電子 $e^-$ の数**

> 解説 $Cr_2O_7^{2-} + 14H^+ + 6e^- \longrightarrow 2Cr^{3+} + 7H_2O$　において，
> 電荷；左辺の合計 = 右辺の合計 = $+6$
> Crの酸化数；$+6 \rightarrow +3$　　その差$(+3) \times 2 \Rightarrow$ 電子；6 個($6e^-$)

**2** 酸化剤と還元剤のイオン反応式より，**1** つのイオン反応式をつくる場合
　 $\Rightarrow$ **電子 $e^-$ を消去**するように **2** つのイオン反応式を**合計**する。

> 補足 〔酸化剤の受け取る $e^-$ の物質量〕=〔還元剤の放出する $e^-$ の物質量〕

**3** 次の**1つの化学式あたりの電子の授受の数**を覚えておく。

計算問題に便利。

受け取る電子数（酸化剤）
- $KMnO_4$（$MnO_4^-$）⇨ **5e⁻**
- $K_2Cr_2O_7$（$Cr_2O_7^{2-}$）⇨ **6e⁻**

与える電子数（還元剤）
- $H_2O_2$, $SO_2$, $(COOH)_2$, $H_2S$, $SnCl_2$ ⇨ **2e⁻**
- $FeSO_4$ ⇨ **e⁻** ← $FeSO_4$以外2個と覚える。

例 $KMnO_4$と$H_2O_2$の反応 ⇨ $KMnO_4$：$H_2O_2 = 2\,mol$：$5\,mol$ ← 反応式を知らなくても計算できる。

$5e^- \times 2$　　$2e^- \times 5$

**4** 次の**水溶液の色**の変化も覚えておく。

$MnO_4^-$（**赤紫色**）$\longrightarrow$ $Mn^{2+}$（**淡桃色**）← 赤紫色が消えてほぼ無色になる。

$Cr_2O_7^{2-}$（**赤橙色**）$\longrightarrow$ $Cr^{3+}$（**暗緑色**）

---

**入試問題例**　**酸化還元反応式と酸化還元滴定**　　　　　福島大改

　消毒剤のオキシドールは過酸化水素を含む。$2.00 \times 10^{-2}\,mol/L$の過マンガン酸カリウム水溶液を用いて，市販のオキシドールに含まれる過酸化水素の濃度を下記の手順により決定する。ただし，オキシドール中で酸化還元反応に寄与するのは過酸化水素のみとする。

① 市販のオキシドールをホールピペットで$10.0\,mL$とり，$100\,mL$メスフラスコに入れて10倍に希釈する。

② ①の希釈したオキシドールをホールピペットで$10\,mL$とりコニカルビーカーに入れ，$3.00\,mol/L$の希硫酸を$1.00\,mL$加える。

③ 過マンガン酸カリウム水溶液をビュレットに入れる。

④ ビュレット中の過マンガン酸カリウム水溶液をコニカルビーカー中のオキシドールへ滴下し，滴定する。

⑤ 滴下量からもとのオキシドール中の過酸化水素の濃度を算出する。

(1) 水でぬれているホールピペットとビュレットを使用する場合には，それらを共洗いする必要がある。その理由を簡潔に説明せよ。

(2) **A**〜**C**のイオン反応式または化学反応式を示せ。

　**A** 硫酸酸性下で過マンガン酸イオンが還元される化学反応のイオン反応式

　**B** 過酸化水素が酸化される化学反応のイオン反応式

　**C** 硫酸を加えた過酸化水素と過マンガン酸カリウムとの酸化還元反応の化学反応式

(3) 滴下量が$18.0\,mL$であるとき，もとのオキシドール中の過酸化水素の濃度を，モル濃度および質量パーセント濃度でそれぞれ算出せよ。ただし，オキシドールの密度を$1.00\,g/cm^3$とする。分子量：$H_2O_2 = 34$

解説 (1) 最重要34−**2**参照。

(2) **C**：最重要44−**2**より，**A**と**B**のイオン反応式から電子e⁻を消去するように，**A**と**B**を合計する。**A**×2＋**B**×5で電子を消去すると，以下のようになる。

$$2MnO_4^- + 5H_2O_2 + 6H^+ \longrightarrow 2Mn^{2+} + 5O_2 + 8H_2O \quad \cdots\cdots\cdots\cdots C'$$

硫酸を加えた過酸化水素と過マンガン酸カリウムとの酸化還元反応なので，**C'** の両辺に2K⁺，3SO₄²⁻を加えると，解答のような化学反応式になる。

(3) **C** もしくは **C'** の係数より，$MnO_4^- : H_2O_2 = 2 : 5$ の比で酸化還元反応が起こることがわかる。希釈した過酸化水素の濃度を $x$〔mol/L〕とすると，

$$x \times \frac{10.0}{1000} \times 2 = 2.00 \times 10^{-2} \times \frac{18.0}{1000} \times 5 \quad \therefore \quad x = 9.00 \times 10^{-2}\,mol/L$$

よって，もとのオキシドール中の過酸化水素のモル濃度は，

$$9.00 \times 10^{-2} \times 10 = 9.00 \times 10^{-1}\,mol/L$$

また，最重要29−**2**より，求める質量パーセント濃度は，

$$\frac{9.00 \times 10^{-1} \times 34}{1000 \times 1.00} \times 100 = 3.06\,\%$$

答 (1) **水にぬれたまま使用すると溶液が希釈されてしまうから。**

(2) **A**：$MnO_4^- + 8H^+ + 5e^- \longrightarrow Mn^{2+} + 4H_2O$

  **B**：$H_2O_2 \longrightarrow O_2 + 2H^+ + 2e^-$

  **C**：$2KMnO_4 + 5H_2O_2 + 3H_2SO_4$
      $\longrightarrow 2MnSO_4 + 5O_2 + 8H_2O + K_2SO_4$

(3) モル濃度：**$1.00 \times 10^{-3}\,mol/L$**
  質量パーセント濃度：**3.06 %**

# 12 金属のイオン化傾向と電池

最重要
45

まず，**金属のイオン化列**を確実に覚える。

└─ 無機編p.45でも扱っている。

(大) Li　K　Ca　Na　Mg　Al　Zn　Fe　Ni　Sn　Pb
リッチに　カそう　カ　ナ　マ　ア　ア　テ　ニ　スる　ナ

(H₂)　Cu　Hg　Ag　Pt　Au (小)
ヒ　ド　ス　ギる　ハッ　キン
(借金)

**解説**　▶単体の金属の原子が水溶液中で電子を放出して陽イオンになる性質を金属の**イオン化傾向**といい，イオン化傾向の大きい順に金属を並べたものを**金属のイオン化列**という。

▶CuSO₄水溶液にZn板を入れると，Zn板の表面にCuが付着する。

$Cu^{2+} + Zn \longrightarrow Zn^{2+} + Cu$　⇨ イオン化傾向　Zn > Cu

**補足**　金属のイオン化列は，電池・電気分解・金属単体の性質などの基準となる。

---

**例題**　**金属のイオン化傾向と反応**

次の水溶液中の反応のうち，起こりにくい反応はどれか。

① $Cu^{2+} + Pb \longrightarrow Pb^{2+} + Cu$
② $Pb^{2+} + Fe \longrightarrow Fe^{2+} + Pb$
③ $2Ag^+ + Cu \longrightarrow Cu^{2+} + 2Ag$
④ $Mg^{2+} + Zn \longrightarrow Zn^{2+} + Mg$

**解説**　イオン化傾向の大きい金属の単体がイオンとなり，小さい金属のイオンが析出する。
イオン化傾向：① Pb > Cuより，起こる。
　　　　　　　② Fe > Pbより，起こる。
　　　　　　　③ Cu > Agより，起こる。
　　　　　　　④ Mg > Znより，起こりにくい。

**答**　④

<br />
**最重要**
**46**

# イオン化傾向の大きい金属ほど，化学的に活発なことから，次の**水と酸の反応**をおさえる。

**1**
$$\begin{cases} \text{常温の水と反応} & \Rightarrow \text{Li, K, Ca, Na} \\ \text{高温の} \begin{cases} \text{水と反応} & \Rightarrow \text{Mg} \\ \text{水蒸気と反応} & \Rightarrow \text{Al, Zn, Fe} \end{cases} \end{cases}$$

イオン化傾向が大きいグループ。いずれも $H_2$ を発生。

**解説** ▶イオン化傾向が $Ni$ 以下は，水とは反応しない。
▶反応式 $2Na + 2H_2O \longrightarrow 2NaOH + H_2 \uparrow$
$Mg + 2H_2O \longrightarrow Mg(OH)_2 + H_2 \uparrow$
$3Fe + 4H_2O \longrightarrow Fe_3O_4 + 4H_2 \uparrow$

**補足** 空気中で $Li$, $K$, $Ca$, $Na$ は直ちに，$Mg$, $Al$, $Zn$, $Fe$ は徐々に酸化される。

**2**
$$\begin{cases} \text{一般の酸と反応} \Rightarrow \mathbf{H_2 \text{よりイオン化傾向が大きい金属}}。 \\ \text{硝酸, 熱濃硫酸とのみ反応} \Rightarrow \text{Cu, Hg, Ag} \end{cases}$$

ただし $Pb$ は塩酸・希硫酸と反応しにくい。

**解説** ▶一般の酸との反応 $\Rightarrow H^+$ と金属との反応：
$Zn + H_2SO_4 \longrightarrow ZnSO_4 + H_2 \uparrow$
$Mg + 2HCl \longrightarrow MgCl_2 + H_2 \uparrow$

▶$Pb$ は塩酸，希硫酸と反応すると，それぞれ水に難溶の $PbCl_2$, $PbSO_4$ が表面に生じて反応しなくなる。

▶硝酸，熱濃硫酸は，酸化作用のある強酸である。
$$\begin{cases} \text{希硝酸；} & 3Cu + 8HNO_3 \longrightarrow 3Cu(NO_3)_2 + 4H_2O + 2NO \uparrow \\ \text{濃硝酸；} & Cu + 4HNO_3 \longrightarrow Cu(NO_3)_2 + 2H_2O + 2NO_2 \uparrow \\ \text{熱濃硫酸；} & Cu + 2H_2SO_4 \longrightarrow CuSO_4 + 2H_2O + SO_2 \uparrow \end{cases}$$

▶$Pt$, $Au$ は王水〔濃硝酸と濃塩酸の混合物（体積比 $1:3$）〕のみと反応する。

**補足** **その他の酸，塩基との反応**：イオン化傾向と関係のない酸，塩基との反応。
① $Al$, $Fe$, $Ni$ は，濃硝酸によって**不動態**となり，反応しない。
NaOH など。
② $Al$, $Zn$, $Sn$, $Pb$ は**両性金属**で，強塩基水溶液と水素を発生して溶ける。
「ア($Al$)ア($Zn$)スン($Sn$)ナリ($Pb$)と両性に愛される」と覚える。

<br />
<br />
<br />

68

5種類の金属A〜Eを用いて以下の実験を行った。A〜Eは銀，銅，亜鉛，鉄，マグネシウムのいずれかである。A〜Eはそれぞれどの金属か。

〔実験1〕A〜Eをそれぞれ希硫酸中に浸したところ，A，CおよびEでは気体が発生したが，BとDでは反応しなかった。

〔実験2〕Eは熱水と反応して気体を発生した。

〔実験3〕AとCをそれぞれ濃硝酸中に浸したところ，Aからは気体が発生したが，Cからは気体が発生しなかった。

〔実験4〕Bのイオンを含む水溶液にDを入れると，Bが析出した。

- - - - - - - - - - - - - - - - - - - - - - - - - - - - - - - - - - - - - - - - - - - - - - - - - -

**解説**　最重要46をおさえれば，簡単に解答できる。

〔実験1〕イオン化傾向が，A，C，Eは水素より大きく，B，Dは小さい。

〔実験2〕Eは，熱水と反応することからMgである。

〔実験3〕A，Cは，水素よりイオン化傾向が大きいから，ZnかFeである。このうち，濃硝酸と反応しないCは，不動態となるFeである。よって，AはZnである。

〔実験4〕この反応から，イオン化傾向はD＞B。よって，DはCu，BはAgである。

**答**　A：亜鉛　　B：銀　　C：鉄　　D：銅　　E：マグネシウム

# 47 金属のイオン化傾向と電池の形成をおさえる。

**2種類の金属を電解質水溶液中**に入れると，**電池を形成**する。

**イオン化傾向の** 
- **大きいほうの金属** ⇨ **負極**：極板が溶けて陽イオンとなる。
- **小さいほうの金属** ⇨ **正極**：溶液中の陽イオンが電子を受け取り**析出**。

**解説** ▶負極の金属**A板**：イオン化傾向が大きい ⇨ A ⟶ $A^+$（溶液中）$+ e^-$（A板上）

▶負極（**A板**） $\left\{\begin{array}{c} 電子 e^- \longrightarrow \\ \longleftarrow \ 電 \ 流 \end{array}\right\}$ **正極** ⟵ 電子と電流の流れる方向は逆。

**補足** **トタンとブリキの腐食**：鉄Feに，トタンはZn，ブリキはSnをメッキしたものである。イオン化傾向がZn＞Fe＞Snより，トタンでは，Zn ⟶ $Zn^{2+} + 2e^-$，ブリキでは，Fe ⟶ $Fe^{2+} + 2e^-$のように反応する。したがって，ブリキのほうが，Feが「イオンになりやすい」⇨「腐食しやすい（さびやすい）」ことになる。

---

**例題** **2種類の金属と電池**

次の①～⑤の各組の金属を，食塩水中に対立させて浸し，2つの金属を液外で導線でつなぐとき，その導線を電流が**A**金属から**B**金属に流れるのはどの組か。

| | ① | ② | ③ | ④ | ⑤ |
|---|---|---|---|---|---|
| **A** | 亜　鉛 | 銅 | 銅 | 亜　鉛 | ニッケル |
| **B** | 銀 | 鉄 | 銀 | 銅 | 銀 |

**解説** 電流が**A**から**B**へと流れるので，**A**が正極，**B**が負極となることがわかる。よって，イオン化傾向が**A**＜**B**の組を選ぶ。

**答** ②

# ダニエル電池, マンガン乾電池, 燃料電池の共通点・相違点・特性をおさえる。

| | | ダニエル電池 | マンガン乾電池 | 燃料電池 |
|---|---|---|---|---|
| 構造 | 負極 | Zn | Zn | $Pt \cdot H_2$ |
| | 正極 | Cu | C(正極端子)・$MnO_2$ | $Pt \cdot O_2$ |
| | 電解液 | $ZnSO_4$ aq ┊ $CuSO_4$ aq | $ZnCl_2$ aq, $NH_4Cl$ aq | $H_3PO_4$ aq |
| 反応 | 負極 | $Zn \longrightarrow Zn^{2+} + 2e^-$ | $Zn \longrightarrow Zn^{2+} + 2e^-$ | $H_2 \longrightarrow 2H^+ + 2e^-$ |
| | 正極 | $Cu^{2+} + 2e^- \longrightarrow Cu$ | $H^+$と$MnO_2$が反応 | $O_2 + 4H^+ + 4e^- \rightarrow 2H_2O$ |
| | 全体 | $Zn + Cu^{2+} \rightarrow Zn^{2+} + Cu$ | | $2H_2 + O_2 \longrightarrow 2H_2O$ |
| 放電による特性 | | 負極は軽くなり,正極は重くなる。 | 生じる$Zn^{2+}$は$NH_4^+$と反応 ⇨ 錯イオンとなる。 | 生成物が水なので,環境汚染がない。 |

解説 ▶ aqはラテン語のaqua(水)の略で,多量の水を表す。

▶ ダニエル電池の電解液の$ZnSO_4$水溶液と$CuSO_4$水溶液との間は,素焼き筒(板)などで仕切る。⇨ 素焼き筒は,溶液は混合させないが,イオンは通過する。

▶ マンガン乾電池の電解液を,ZnOを含む KOHaq に変えたものを**アルカリマンガン乾電池**といい,より長時間にわたって電流をとり出せる。

▶ **燃料電池**の次の2種類の構造とその反応を知っておこう。

① $(-)\, H_2 \mid H_3PO_4\, aq \mid O_2\, (+)$ $\begin{cases} (-)\ H_2 \longrightarrow 2H^+ + 2e^- \\ (+)\ O_2 + 4H^+ + 4e^- \longrightarrow 2H_2O \end{cases}$

② $(-)\, H_2 \mid KOH\, aq \mid O_2\, (+)$ $\begin{cases} (-)\ H_2 + 2OH^- \longrightarrow 2H_2O + 2e^- \\ (+)\ O_2 + 2H_2O + 4e^- \longrightarrow 4OH^- \end{cases}$

①, ②ともに,全体の反応は,$2H_2 + O_2 \longrightarrow 2H_2O$

**最重要 49**

# 鉛蓄電池は，その構造とともに，放電・充電における電極と電解液の変化を確実に理解せよ。

$$\underset{負極}{Pb} + \underset{電解液}{2H_2SO_4} + \underset{正極}{PbO_2} \underset{充電}{\overset{放電}{\rightleftarrows}} \underset{負極}{PbSO_4} + \underset{電解液}{2H_2O} + \underset{正極}{PbSO_4}$$

**解説** ▶負極；Pb $\rightleftarrows$ PbSO$_4$，正極；PbO$_2$ $\rightleftarrows$ PbSO$_4$より，両極とも放電により重くなり，充電により軽くなる。 ── PbSO$_4$は水に難溶で，表面に付着する。

▶電解液；H$_2$SO$_4$ $\rightleftarrows$ H$_2$O より，放電によって硫酸の濃度が減少し，溶液の密度が小さくなる。また，充電によって硫酸の濃度が増加し，密度が大きくなる。

---

**入試問題例** ダニエル電池と鉛蓄電池　　　　　　　　　　　日本女子大囡

文中の①～⑤，⑩，⑪に適切な語，語句，⑥～⑨には適切な酸化数を入れよ。

電池(化学電池)は，酸化還元反応を利用して化学エネルギーを電気エネルギーに変える装置である。素焼き板を隔てて，亜鉛板を硫酸亜鉛の水溶液に浸したものと，銅板を硫酸銅(Ⅱ)水溶液に浸したものとを組み合わせた電池を（　①　）という。この電池の負極では（　②　）が還元剤としてはたらき，正極では（　③　）が酸化剤としてはたらく。

電池の中には充電して再生できるものもある。充電できる電池として，自動車のバッテリーなどで使用される鉛蓄電池がある。鉛蓄電池は，負極活物質に（　④　），正極活物質に（　⑤　），電解液には希硫酸が使われている。放電後，負極ではPbの酸化数が（　⑥　）から（　⑦　）へ，正極ではPbの酸化数が（　⑧　）から（　⑨　）へと変化する反応が起こり，両極の表面に（　⑩　）が生じて，電解液の硫酸の濃度が次第に（　⑪　）くなる。充電では外部から電圧をかけて，放電と逆向きの反応を起こすことで，起電力が回復する。

- - - - - - - - - - - - - - - - - - - - - - - - - - - - - - - - - - - - - - - - - - - - - -

**解説** ②，③ 最重要48より，負極ではZn $\longrightarrow$ Zn$^{2+}$ + 2e$^-$ の反応が起こり，Znが還元剤としてはたらく(Zn自身は酸化される)。また正極では，Cu$^{2+}$ + 2e$^-$ $\longrightarrow$ Cu の反応が起こり，Cu$^{2+}$が酸化剤としてはたらく(Cu$^{2+}$自身は還元される)。

④～⑩ 最重要49より，負極では，Pb $\longrightarrow$ PbSO$_4$(Pbの酸化数；0 →+2)，正極では，PbO$_2$ $\longrightarrow$ PbSO$_4$(Pbの酸化数；+4 →+2)の反応が起こる。

**答** ① ダニエル電池　② 亜鉛　③ 銅(Ⅱ)イオン　④ 鉛
⑤ 酸化鉛(Ⅳ)　⑥ 0　⑦ +2　⑧ +4　⑨ +2
⑩ 硫酸鉛(Ⅱ)　⑪ 小さ

# 13 ▶ 電気分解

**50**

## 水溶液を Pt 極 (または C 極) で電気分解すると，陽極では $Cl_2$ か $O_2$，陰極では Cu，Ag か $H_2$ が生成。

**1 陽極**
- $\boxed{Cl^-}$，$I^-$ が存在 ⇨ $Cl_2$，$I_2$ が生成。◀── 出題の多くは $Cl_2$
- $\boxed{OH^-}$ が存在 ⇨ $O_2$ が発生。
- $\boxed{SO_4^{2-}, NO_3^-}$ が存在 ⇨ $O_2$ が発生，$H^+$ (溶液中) 生成。

**解説** ▶ $Cl^-$，$I^-$ が存在 ; $2Cl^- \longrightarrow Cl_2\uparrow + 2e^-$，$2I^- \longrightarrow I_2 + 2e^-$
▶ $OH^-$ が存在 ; $4OH^- \longrightarrow 2H_2O + O_2\uparrow + 4e^-$
▶ $SO_4^{2-}$，$NO_3^-$ が存在 ; $2H_2O \longrightarrow O_2\uparrow + 4H^+ + 4e^-$

**2 陰極**
- $\boxed{Cu^{2+}, Ag^+}$ が存在 ⇨ Cu，Ag が析出。
- $\boxed{H^+}$ が存在 ⇨ $H_2$ が発生。
- $\boxed{K^+, Ca^{2+}, Na^+, Mg^{2+}, Al^{3+}}$ が存在 ⇨ $H_2$ が発生，$OH^-$ (溶液中) 生成。

イオン化傾向の大きい金属のイオン。

**解説** ▶ $Cu^{2+}$，$Ag^+$ が存在 ; $Cu^{2+} + 2e^- \longrightarrow Cu$，$Ag^+ + e^- \longrightarrow Ag$
▶ $H^+$ が存在 ; $2H^+ + 2e^- \longrightarrow H_2\uparrow$
▶ $K^+$，$Ca^{2+}$，$Na^+$，$Mg^{2+}$，$Al^{3+}$ が存在 ; $2H_2O + 2e^- \longrightarrow H_2\uparrow + 2OH^-$

# 水溶液をCu極で電気分解したとき，陽極のCuが溶けてイオンとなることに着目。

CuSO₄水溶液をCu極で電気分解 $\begin{cases} 陽極 \Rightarrow 極板が溶け出す(Cu^{2+}) \\ 陰極 \Rightarrow Cuが析出 \end{cases}$

**解説** 陽極の反応：$Cu \longrightarrow Cu^{2+} + 2e^-$　　陰極の反応：$Cu^{2+} + 2e^- \longrightarrow Cu$

**補足** **銅の電解精錬**：転炉から得られた銅は不純物を含み(純度99.4％程度)，**粗銅**という。粗銅を陽極，純銅を陰極とし，CuSO₄水溶液で電気分解すると，陰極に純度99.99％以上の**純銅**が析出する。不純物のうち，銅よりイオン化傾向の大きい金属Fe, Niなどは溶液中に溶け出し，小さい金属Ag, Auなどは陽極の下に沈殿(**陽極泥**という)する。

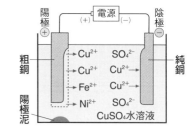

---

**例題** 水溶液の電気分解生成物

次の化合物の水溶液を電気分解したとき，各極で析出や発生する物質，または溶け出すイオンの化学式を答えよ。また，そのときの溶液の変化を記せ。( )内は電極を示す。

(1) CuCl₂(C)　　(2) NaCl(C)　　(3) AgNO₃(Pt)

(4) H₂SO₄(Pt)　　(5) CuSO₄(Cu)

**解説** 最重要50，51を確実におさえておけば解答できる。

(1) 陽極：$2Cl^- \longrightarrow Cl_2\uparrow + 2e^-$　　陰極：$Cu^{2+} + 2e^- \longrightarrow Cu$

(2) 陽極：$2Cl^- \longrightarrow Cl_2\uparrow + 2e^-$　　陰極：$2H_2O + 2e^- \longrightarrow H_2\uparrow + 2OH^-$

(3) 陽極：$2H_2O \longrightarrow O_2\uparrow + 4H^+ + 4e^-$　　陰極：$Ag^+ + e^- \longrightarrow Ag$

(4) 陽極：$2H_2O \longrightarrow O_2\uparrow + 4H^+ + 4e^-$　　陰極：$2H^+ + 2e^- \longrightarrow H_2\uparrow$

(5) 陽極：$Cu \longrightarrow Cu^{2+} + 2e^-$　　陰極：$Cu^{2+} + 2e^- \longrightarrow Cu$

**答** (1) 陽極：$Cl_2$　陰極：$Cu$　溶液：$CuCl_2(Cu^{2+}, Cl^-)$が減少

(2) 陽極：$Cl_2$　陰極：$H_2$　溶液：$Cl^-$が減少し，$OH^-$が増加 ← 塩基性の溶液へ。

(3) 陽極：$O_2$　陰極：$Ag$　溶液：$Ag^+$が減少し，$H^+$が増加 ← 酸性の溶液へ。

(4) 陽極：$O_2$　陰極：$H_2$　溶液：**水が減少** ← 水の電気分解。

(5) 陽極：$Cu^{2+}$　陰極：$Cu$　溶液：**変化なし**
　　　　　　　　　　　　　└── 陽極が減り，陰極が増える。

# 溶融塩電解と水溶液の電気分解の違い

をおさえる。とくに，**Alの製法**が重要。

溶融塩電解では，Alの製法の出題がほとんど。

**1** **溶融塩電解**では，陰極に**イオン化傾向の大きい金属も析出**

する。 ⇨ **K，Ca，Na，Mg，Alが析出する**。 ← 水溶液の電気分解では$H_2$が発生。

例 **塩化ナトリウムの溶融塩電解**：$NaCl \longrightarrow Na^+ + Cl^-$

$\begin{cases} 陰極：Na^+ + e^- \longrightarrow Na \\ 陽極：2Cl^- \longrightarrow Cl_2 \uparrow + 2e^- \end{cases}$

融解塩電解
ともいう。

**2** **Alの製法；$Al_2O_3$ （アルミナ）と氷晶石を溶融塩電解する。**

$Al_2O_3 \longrightarrow 2Al^{3+} + 3O^{2-}$ $\begin{cases} 陰極：2Al^{3+} + 6e^- \longrightarrow 2Al \\ 陽極(C)：3O^{2-} + 3C \longrightarrow 3CO + 6e^- \\ \qquad\qquad 6O^{2-} + 3C \longrightarrow 3CO_2 + 12e^- \end{cases}$

解説 ▶ $Al_2O_3$は，ボーキサイト（主成分$Al_2O_3 \cdot nH_2O$）を水酸化ナトリウム水溶液に溶かし，さらに加熱してつくる。
▶ 氷晶石は$Al_2O_3$の融点を下げる（2054℃ → 約1000℃）。加熱融解した氷晶石に$Al_2O_3$を溶かして溶融塩電解する。

電気分解において，**流れた電気量**とイオン・物質の**変化量**の問題は，次の**2つ**をおさえる。

**1** $\boxed{電子1\,molの電気量 = 9.65 \times 10^4\,C}$

$\boxed{電流〔A〕 \times 時間〔s〕 = 電気量〔C〕}$

アンペア　　　秒　　　　　　クーロン

解説 ファラデー定数$F = 9.65 \times 10^4\,C/mol$

**2** 電気分解：$\boxed{電子1\,mol}$が流れると，

$\begin{cases} イオン \\ 物\quad質 \end{cases}$は $\boxed{\dfrac{1\,mol}{価数}}$ $\begin{cases} 生成する。 \\ 反応する。 \end{cases}$

解説 電気分解において，極板で変化した物質の量は，流れた電気量に比例するという関係を**ファラデーの電気分解の法則**という。

① **金属**：$Ag^+$ 1 mol $\longrightarrow$ Ag 1 mol ($= 108\,g$),

$Cu^{2+}$ $\dfrac{1}{2}$ mol $\longrightarrow$ Cu $\dfrac{1}{2}$ mol $\left(= \dfrac{63.5}{2}\,g\right)$

② **気体**：$H^+$ 1 mol $\longrightarrow$ H 1 mol $\Rightarrow$ $H_2$ $\dfrac{1}{2}$ mol $\left(= \dfrac{22.4}{2}\,L = 11.2\,L：標準状態\right)$

$Cl^-$ 1 mol $\longrightarrow$ Cl 1 mol $\Rightarrow$ $Cl_2$ $\dfrac{1}{2}$ mol $\left(= \dfrac{22.4}{2}\,L = 11.2\,L：標準状態\right)$

$O^{2-}$ $\dfrac{1}{2}$ mol $\longrightarrow$ O $\dfrac{1}{2}$ mol $\Rightarrow$ $O_2$ $\dfrac{1}{4}$ mol $\left(= \dfrac{22.4}{4}\,L = 5.6\,L：標準状態\right)$

---

**例題**　**ファラデーの電気分解の法則**

　硝酸銀水溶液を白金電極を用いて，5.0 Aで16分5秒間電気分解した。原子量 Ag = 108として，次の問いに答えよ。

(1) 流れた電気量は何Cか。

(2) 流れた電子は何molか。

(3) 各極に何がどれだけ生成したか。固体の場合は質量〔g〕，気体の場合は標準状態の体積〔L〕で答えよ。

(4) この水溶液が500 mLとすると，pHはどれだけか。

---

**解説**　(1) 電流〔A〕×時間〔s〕＝電気量〔C〕より（最重要53−**1**），

$5.0 \times (16 \times 60 + 5) = 4825\,C$

(2) ファラデー定数$9.65 \times 10^4$ C/molより，$\dfrac{4825}{9.65 \times 10^4} = 0.050\,mol$

(3) 陽極：$2H_2O \longrightarrow O_2 + 4H^+ + 4e^-$（最重要50−**1**）より，

$O_2$が，$\dfrac{22.4}{4} \times 0.050 = 0.28\,L$

陰極：$Ag^+ + e^- \longrightarrow Ag$（最重要50−**2**）より，$Ag$が，$108 \times 0.050 = 5.4\,g$

(4) 生じる$H^+$は0.050 mol。水溶液は500 mLから，

$[H^+] = 0.050 \times \dfrac{1000}{500} = 0.10\,mol/L$

よって，$pH = -\log_{10} 0.10 = 1$

**答**　(1) **4825 C**

(2) **0.050 mol**

(3) 陽極：**酸素，0.28 L**　陰極：**銀，5.4 g**

(4) **1**

## 入試問題例　ファラデーの電気分解の法則

愛媛大改

図の装置を用いて電気分解を行ったところ，電解槽Iの陽極には標準状態で2.24Lの気体が発生した。各電解槽に用いた電解質水溶液と電極は表の通りである。

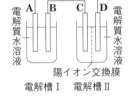

(1) 電極**A**，**B**で起こった反応を，電子$e^-$を含む化学反応式で答えよ。

(2) 通じた電気量は何Cか答えよ。

(3) 電極**C**，**D**で起こった反応を，電子$e^-$を含む化学反応式で答えよ。

(4) 電解槽IIの陰極で発生した気体の体積は標準状態で何Lか答えよ。

| 電解槽 | 電解質水溶液 | 電極 |
|---|---|---|
| I | 希硫酸 | **A**，**B**とも白金 |
| II | 飽和食塩水 | **C**，**D**とも炭素 |

-------------------------------------------------------------------

**解説** (1) 最重要50-**1**より，$SO_4{}^{2-}$が存在するので，$O_2$が発生する。また，最重要50-**2**より，希硫酸は酸性で，$H^+$が存在するので，$H_2$が発生する。

(2) 電極**A**に電子1molが流れたとき，$O_2$は$\dfrac{1}{4}$mol生成するので，流れた電子を$x$〔C〕とおくと，

$$\frac{x}{9.65\times10^4}\times\frac{1}{4}=\frac{2.24}{22.4} \qquad \therefore \quad x=3.86\times10^4\,C$$

(3) 最重要50-**1**より，$Cl^-$が存在するので，$Cl_2$が発生する。また，最重要50-**2**より，$Na^+$が存在するので，$H_2$が発生し，溶液中に$OH^-$が生成する。

(4) 直列回路より，いずれの電極も流れた電子量は等しい。電子1molが流れたとき，$H_2$は$\dfrac{1}{2}$mol生成するので，発生した$H_2$の体積は，

$$\frac{3.86\times10^4}{9.65\times10^4}\times\frac{1}{2}\times22.4=4.48\,L$$

**答** (1) **A**：$2H_2O \longrightarrow O_2+4H^++4e^-$　　**B**：$2H^++2e^- \longrightarrow H_2$

(2) $\mathbf{3.86\times10^4\,C}$

(3) **C**：$2Cl^- \longrightarrow Cl_2+2e^-$　　**D**：$2H_2O+2e^- \longrightarrow H_2+2OH^-$

(4) **4.48 L**

# 14 化学反応とエンタルピー

最重要
## 54

**熱の出入り**を示す化学反応式は，
次の **3つ**がポイント。

---

H₂の完全燃焼

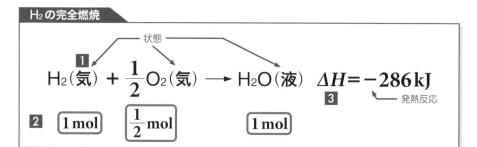

**1** 原則として**状態**（気体・液体・固体など）**を示す**。 ← 省略する場合もある。

> **解説** ▶状態によって，物質のもつエンタルピーが異なる。
> ▶物質の状態は，25℃，$1.0 \times 10^5$ Pa のものを書く。

**2** 化学式の**mol単位のエンタルピー変化**$\Delta H$〔kJ〕を反応式の横に書く。

> **解説** ▶着目する物質の係数を1として化学反応式をつくる。
> ▶1 mol の水素と$\frac{1}{2}$ mol の酸素を反応させて1 mol の水が生じるとき，286 kJ の熱量を放出。
>
> ⇨ **反応エンタルピー**$\Delta H =$

$$\left(\begin{array}{c}\text{1 mol の H}_2\text{O(液)が}\\ \text{もつエンタルピー}\end{array}\right) - \left(\begin{array}{c}\text{1 mol の H}_2\text{(気)が}\\ \text{もつエンタルピー}\end{array} + \begin{array}{c}\frac{1}{2}\text{ mol の O}_2\text{(気)が}\\ \text{もつエンタルピー}\end{array}\right) = -286 \text{ kJ}$$

生成物がもつエンタルピー　　　　　　　　反応物がもつエンタルピー

**3** **エンタルピー変化** $\begin{cases} \text{反応物 > 生成物} \Rightarrow \textbf{発熱反応} \Rightarrow \Delta H < 0\ (-) \\ \text{反応物 < 生成物} \Rightarrow \textbf{吸熱反応} \Rightarrow \Delta H > 0\ (+) \end{cases}$

| 例 題 | **エンタルピー変化を付した反応式** |

次の(1), (2)の反応をエンタルピー変化を付した反応式で表せ。原子量：C = 12.0

(1) 黒鉛3.0gを空気中で完全に燃焼させると，98.5kJの熱量を放出する。

(2) 0℃，$1.0 \times 10^5$ Paで2.8Lのメタン$CH_4$をとり，空気中で完全に燃焼させたところ，111kJの熱量を放出して二酸化炭素と水が生じた。

---

**解説** (1) 黒鉛を空気中で完全燃焼させると，二酸化炭素が発生する。また，炭素のモル質量は12.0g/molであるから，黒鉛1molを完全燃焼させたときに放出する熱量は，

$$98.5 \times \frac{12.0}{3.0} = 394 \, kJ$$

(2) メタン1molを完全燃焼させたときに放出する熱量は，

$$111 \times \frac{22.4}{2.8} = 888 \, kJ$$

**答** (1) $C(黒鉛) + O_2(気) \longrightarrow CO_2(気)$　$\Delta H = -394 \, kJ$

(2) $CH_4(気) + 2O_2(気) \longrightarrow CO_2(気) + 2H_2O(液)$　$\Delta H = -888 \, kJ$

## 反応エンタルピーは，着目する物質1 mol 当たりの熱量で表され，次の4つがある。

**1** 燃焼エンタルピー : 物質1 molが完全燃焼するときの反応エンタルピー。

例 メタンの燃焼エンタルピーは−891 kJ/mol

⇨ $CH_4(気) + 2O_2(気) \longrightarrow CO_2(気) + 2H_2O(液)$   $\Delta H = -891\,kJ$

└── 1 molなので係数1（1のときは省略）

**2** 生成エンタルピー : 化合物1 molが成分元素の単体から生成するときの反応エンタルピー。

例 メタンの生成エンタルピーは−75 kJ/mol

⇨ $C(黒鉛) + 2H_2(気) \longrightarrow CH_4(気)$   $\Delta H = -75\,kJ$

└── 1 molなので係数1

**3** 溶解エンタルピー : 物質1 molが多量の溶媒に溶解するときの反応エンタルピー。

例 硫酸の水への溶解エンタルピーは−95 kJ/mol

⇨ $H_2SO_4(液) + aq \longrightarrow H_2SO_4aq$   $\Delta H = -95\,kJ$

└── 1 molなので係数1

**4** 中和エンタルピー : 酸と塩基が中和してH₂O 1 molが生成するときの反応エンタルピー。

例 塩酸と水酸化ナトリウム水溶液の中和エンタルピーは−57 kJ/mol

⇨ $HClaq + NaOHaq \longrightarrow NaClaq + H_2O(液)$   $\Delta H = -57\,kJ$

└── 1 molなので係数1

補足 強酸と強塩基の中和エンタルピーは，種類によらず−57 kJ/molで一定である。
⇨ $H^+aq + OH^-aq \longrightarrow H_2O(液)$   $\Delta H = -57\,kJ$

次の化学反応式を参考にして，下の①〜⑤のうち，誤りを含むものを 1 つ選べ。

$$C(黒鉛) + 2H_2 \longrightarrow CH_4 \qquad \Delta H = -75\,kJ \quad \cdots\cdots(\text{i})$$

$$C(黒鉛) + O_2 \longrightarrow CO_2 \qquad \Delta H = -394\,kJ \quad \cdots\cdots(\text{ii})$$

$$H_2 + \frac{1}{2}O_2 \longrightarrow H_2O(液) \qquad \Delta H = -286\,kJ \quad \cdots\cdots(\text{iii})$$

$$H_2O(液) \longrightarrow H_2O(気) \qquad \Delta H = 44\,kJ \quad \cdots\cdots(\text{iv})$$

$$H^+aq + OH^-aq \longrightarrow H_2O \qquad \Delta H = -57\,kJ \quad \cdots\cdots(\text{v})$$

$$NH_4Cl(固) + aq \longrightarrow NH_4Claq \quad \Delta H = 15\,kJ \quad \cdots\cdots(\text{vi})$$

① $CH_4$ の生成エンタルピーは $-75\,kJ/mol$ である。

② $C(黒鉛)$ と $H_2$ の燃焼エンタルピーは，それぞれ $-394\,kJ/mol$，$-286\,kJ/mol$ である。

③ $H_2O(液)$ の生成エンタルピーは，$H_2O(気)$ の生成エンタルピーより大きい。

④ 塩酸と $NaOH$ 水溶液の中和エンタルピーは，塩酸と $KOH$ 水溶液の中和エンタルピーにほぼ等しい。

⑤ $NH_4Cl(固)$ を水に溶かすと，水溶液の温度は下がる。

------------------------------------------------------------

解説　① (i)式は $CH_4$ の生成エンタルピーを表している（最重要55-**2**）。

　　　② (ii)式は $C(黒鉛)$ の燃焼エンタルピー，(iii)式は $H_2$ の燃焼エンタルピーを表している（最重要55-**1**）。

　　　③ 最重要55-**2**より，(iii)式は $H_2O(液)$ の生成エンタルピーを表し，$H_2O(気)$ の生成エンタルピーは(iii)式＋(iv)式より，$-242\,kJ/mol$ となる。よって，$H_2O(液)$ の生成エンタルピーのほうが小さい。

　　　④ 強酸と強塩基の水溶液の中和エンタルピーであるから，ともに(v)式となる（最重要55-**4**）。

　　　⑤ (vi)式より，吸熱反応であるから，水溶液の温度は下がる。

答　③

# 熱量と温度の関係は次の公式をおさえて，利用できるようにしておくこと。

$$Q = c \cdot m \cdot \Delta t$$

$Q$：熱量〔J〕，$c$：比熱〔J/(g·K)〕，$m$：溶液の質量〔g〕，$\Delta t$：温度変化〔K〕

**解説** ▶溶液 1 g の温度を 1 K 上昇させるのに必要な熱量を**比熱**という。

▶比熱の単位は〔J/(g·K)〕で与えられることが多いので，kJ に単位をそろえる必要がある場合は注意すること。

**例** 水(比熱：4.2 J/(g·K))200 g を加熱して，温度が 35℃ 上昇したときに加えた熱量
$Q = 4.2$ J/(g·K)$\times 200$ g $\times 35$ K $= 29400$ J $= 29.4$ kJ

---

**入試問題例** 中和エンタルピーと温度変化　　　　　　　　　　東京農工大 改

　濃度 $5.0 \times 10^{-1}$ mol/L の水酸化ナトリウム水溶液 $4.0 \times 10^{-2}$ L に，同じ温度のある濃度の塩酸を加えたところ過不足なく中和し，混合後の水溶液の温度が混合前よりも 2.9℃ 上昇した。水酸化ナトリウム水溶液と塩酸の中和エンタルピーを $-5.7 \times 10^1$ kJ/mol とし，放出される熱はすべて水溶液の温度上昇に使われ，それ以外に熱の発生や吸収および損失はないものとする。また，水酸化ナトリウム水溶液，塩酸および混合後の水溶液の密度はいずれも 1.0 g/cm$^3$ とし，水溶液の比熱は混合比によらずに 4.2 J/(g·℃) とする。これらの値はいずれも温度によらずに一定とする。

(1) この中和反応による発熱量は何 J か。有効数字 2 桁で答えよ。

(2) 加えた塩酸の濃度は何 mol/L か。有効数字 2 桁で答えよ。

- - - - - - - - - - - - - - - - - - - - - - - - - - - - - - - - - - - - - - - - - - - - - - - - - - -

**解説** (1) 水酸化ナトリウム水溶液と塩酸の中和エンタルピーは $-5.7 \times 10^1$ kJ/mol である。中和エンタルピーは酸と塩基が中和して 1 mol の水が生成するときの反応エンタルピーであり(**最重要 55−4**)，水酸化ナトリウム水溶液と塩酸の中和反応をエンタルピー変化を付した反応式で表すと，

HClaq + NaOHaq $\longrightarrow$ NaClaq + H$_2$O　$\Delta H = -5.7 \times 10^1$ kJ　…………①

よって，生成した水は $5.0 \times 10^{-1} \times 4.0 \times 10^{-2}$ mol なので，求める発熱量は，

$5.7 \times 10^1 \times 5.0 \times 10^{-1} \times 4.0 \times 10^{-2} \times \underline{10^3} = 1.14 \times 10^3 ≒ 1.1 \times 10^3$ J

　　　　　　　　　　　　　　　└── 単位を J に直す。

(2) 加えた塩酸の濃度を $x$〔mol/L〕，体積を $y$〔L〕とすると，①の係数比より，

$xy = 5.0 \times 10^{-1} \times 4.0 \times 10^{-2}$　………………………②

また，**最重要 56** より，

$\underline{4.2} \times \underline{(4.0 \times 10^{-2} + y) \times 10^3 \times 1.0} \times \underline{2.9} = 1.14 \times 10^3$ J　………………③

　└─ 比熱　　└─ 溶液の質量〔g〕　　└─ 温度変化

②，③を解いて，$x ≒ 3.7 \times 10^{-1}$ mol/L，$y ≒ 5.4 \times 10^{-2}$ L

**答** (1) $1.1 \times 10^3$ J　　(2) $3.7 \times 10^{-1}$ mol/L

# いくつかの**反応エンタルピー**から，**未知の反応エンタルピーを導く**には，次の方法を用いる。

## 1 **数学の方程式と同様**に加減・移項する。

**解説** **ヘスの法則**：物質が変化するときの反応エンタルピーの総和は，変化の前後の物質の種類と状態だけで決まり，**変化の経路や方法には関係しない。**

⇨ 物質はそれぞれ固有のエンタルピーをもっていることによる。

⇨ 物質 A ⟶ C の反応エンタルピー$\Delta H_1$，A ⟶ B の反応エンタルピー$\Delta H_2$，B ⟶ C の反応エンタルピー$\Delta H_3$について，下図のような関係がある。

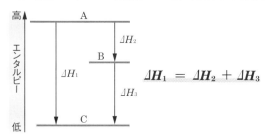

$$\Delta H_1 = \Delta H_2 + \Delta H_3$$

## 2 **求める反応式の化学式の係数**に与えられた反応式の化学式の係数を**合わせる**。

---

**例 題**　**ヘスの法則**

次の反応式から，メタン$CH_4$の生成エンタルピー〔kJ/mol〕を求めよ。

$C(黒鉛) + O_2 \longrightarrow CO_2$　　　　　　　$\Delta H = -394\,kJ$　……①

$H_2 + \dfrac{1}{2}O_2 \longrightarrow H_2O(液)$　　　　$\Delta H = -286\,kJ$　……②

$CH_4 + 2O_2 \longrightarrow CO_2 + 2H_2O(液)$　　$\Delta H = -891\,kJ$　……③

---

**解説**　メタンの生成エンタルピーを$x$〔kJ/mol〕とすると，

$C(黒鉛) + 2H_2 \longrightarrow CH_4$　$\Delta H = x\,[kJ]$

この反応式の化学式の係数に合わせて，①式＋②式×2－③式

よって，$x = -394 + (-286) \times 2 - (-891) = -75\,kJ$

**答**　**−75 kJ/mol**

次の反応式を用いて，(a)メタノールの燃焼エンタルピー〔kJ/mol〕および(b)アセチレンの生成エンタルピー〔kJ/mol〕を求めよ。ただし，メタノールの燃焼によって生成する水は液体であり，25℃における水の蒸発エンタルピーは44kJ/molである。

$$H_2 + \frac{1}{2}O_2 \longrightarrow H_2O(気) \qquad \Delta H = -242\,kJ \quad \cdots\cdots ①$$

$$C(黒鉛) + O_2 \longrightarrow CO_2 \qquad \Delta H = -394\,kJ \quad \cdots\cdots ②$$

$$C(黒鉛) + 2H_2 + \frac{1}{2}O_2 \longrightarrow CH_3OH(液) \qquad \Delta H = -240\,kJ \quad \cdots\cdots ③$$

$$C_2H_2 + \frac{5}{2}O_2 \longrightarrow 2CO_2 + H_2O(液) \qquad \Delta H = -1309\,kJ \quad \cdots\cdots ④$$

--------------------------------------------------------------------

**解説**　水の蒸発エンタルピーより，

$$H_2O(液) \longrightarrow H_2O(気) \qquad \Delta H = 44\,kJ \quad \cdots\cdots ⑤$$

①式 − ⑤式より，

$$H_2 + \frac{1}{2}O_2 \longrightarrow H_2O(液) \qquad \Delta H = -286\,kJ \quad \cdots\cdots ①'$$

(a) メタノールの燃焼エンタルピーを $x$〔kJ/mol〕とすると，

$$CH_3OH(液) + \frac{3}{2}O_2 \longrightarrow CO_2 + 2H_2O(液) \qquad \Delta H = x\,〔kJ〕$$

最重要57−**2**より，−③式＋②式＋①′式×2　←────── O₂の係数は自動的に合うことが多い。

よって，$x = -(-240) + (-394) + (-286) \times 2 = -726\,kJ$

(b) アセチレンの生成エンタルピーを $y$〔kJ/mol〕とすると，

$$2C(黒鉛) + H_2 \longrightarrow C_2H_2 \qquad \Delta H = y\,〔kJ〕$$

最重要57−**2**より，②式×2＋①′式−④式

よって，$y = (-394) \times 2 + (-286) - (-1309) = 235\,kJ$

**答**　(a) **−726kJ/mol**　　(b) **235kJ/mol**

# 58 反応エンタルピーと結合エネルギーの関係の問題は，次の2点に着目して解く。

最重要

└── いずれもヘスの法則による。

## 1 結合エネルギーを反応式で表し，あとは最重要57と同じ。

**解説** 結合エネルギーは吸熱反応である。H−Hの結合エネルギーを436kJ/molとすると，

$$H_2 \longrightarrow 2H \qquad \Delta H = 436\,kJ$$

## 2 反応エンタルピー＝〔反応物の結合エネルギーの総和〕−〔生成物の結合エネルギーの総和〕

---

**入試問題例** 結合エネルギーと反応エンタルピー　　　　　芝浦工大函

次の結合エネルギーを用いて，メタン$CH_4$の燃焼エンタルピー〔kJ/mol〕を求めよ。ただし，生成する$H_2O$は気体とする。

| 結　合 | H−H | C−H | O−H | C=O | O=O |
|---|---|---|---|---|---|
| 結合エネルギー〔kJ/mol〕 | 436 | 415 | 463 | 804 | 496 |

- - - - - - - - - - - - - - - - - - - - - - - - - - - - - - - - - - - - - - - - - - - - - - - -

**解説** メタンの燃焼エンタルピーを$x$〔kJ/mol〕とすると，

$$CH_4 + 2O_2 \longrightarrow CO_2 + 2H_2O(気)$$
$$\Delta H = x\,(kJ)$$

最重要58−2にしたがって解くと，

反応物$CH_4 + 2O_2$の結合エネルギーの総和は，C−H 4個，O=O 2個　だから，

$$415 \times 4 + 496 \times 2 = 2652\,kJ$$

生成物$CO_2 + 2H_2O$(気)の結合エネルギーの総和は，O=C=O 1個，H−O−H 2個だから，

$$804 \times 2 + 463 \times 2 \times 2 = 3460\,kJ$$
$$\therefore \quad x = 2652 - 3460 = -808\,kJ$$

**答** −808kJ/mol

〔別解〕次の図より求めてもよい。

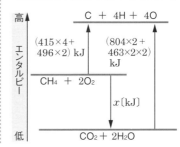

**答** −808kJ/mol

# 15 ▶ 物質の三態

**物質の三態**(固体・液体・気体)と**構成粒子**との関係をおさえる。

原子・分子・イオン

**1** **固体**：物質を構成する 粒子 が互いに**決まった位置**にある。固体のうち，**粒子が規則的に配列しているもの**を**結晶**という。

**解説** 粒子は，温度に応じてその位置で振動しており，温度が高いほど激しく振動している。このような，温度に応じた粒子の運動を**熱運動**という。

**2** **液体**： 粒子 が，熱運動によって**その位置を互いに変える**ことができる状態で集合している。

**3** **気体**： 粒子 が互いに**離れて高速で運動**している。

**解説** 温度が高いほど，粒子の速さが大きい。◀── 熱運動が激しい。

**補足** 固体は形と大きさがある。液体は形がないが大きさがある。気体は形も大きさもない。

最重要 60

# 三態の変化は，次のグラフの特徴をつかむ。

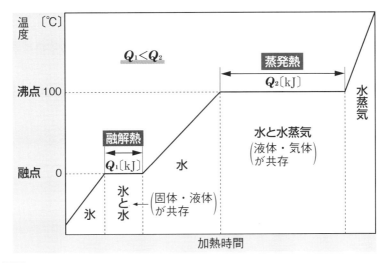

$Q_1 < Q_2$

温度〔℃〕

蒸発熱
$Q_2$〔kJ〕

沸点 100

水蒸気

融解熱
$Q_1$〔kJ〕

融点 0

水

水と水蒸気
(液体・気体)
が共存

氷
と
水

(固体・液体)
が共存

氷

加熱時間

**解説** ▶融点（凝固点）・沸点では，熱を加えても温度は一定。
▶融解熱に比べて蒸発熱は大きい。

## 状態変化の呼び方

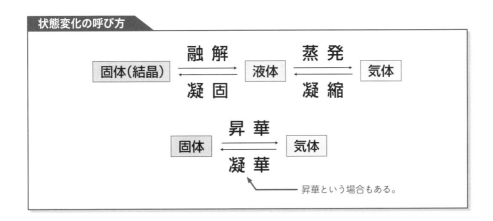

固体（結晶）
融 解 →
← 凝 固
液体
蒸 発 →
← 凝 縮
気体

固体
昇 華 →
← 凝 華
気体

── 昇華という場合もある。

**最重要**

# 61 蒸気圧・沸騰・蒸気圧曲線の次のポイントを確実におさえる。

## 1 飽和蒸気圧(蒸気圧)：気液平衡における蒸気の圧力。

解説 **気液平衡**：液体から気体になる（蒸発する）分子の数と気体から液体になる（凝縮する）分子の数が等しい状態。 ←――― 見かけ上蒸発が停止しているように見える。

## 2 沸騰：蒸気圧が外圧に等しいときに起こる。このときの温度が沸点。

解説 単に沸点といえば，外圧が $1.013 \times 10^5$ Pa (1 atm)のときの温度。

## 3 蒸気圧曲線：蒸気圧と温度の関係のグラフ ⇨ 高温ほど，蒸気圧が大きい。

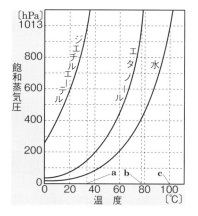

解説 **沸点** ジエチルエーテル：34℃（図の**a**）
エタノール：78℃（図の**b**）
水：100℃（図の**c**）

大気圧：**1 atm**（気圧）**＝1.013×10⁵ Pa＝1013 hPa＝101.3 kPa＝760 mmHg**

右図の物質 **A** ～ **C** に関する記述として誤りを含む
ものを，次の①～⑤のうちから 1 つ選べ。

① 外圧が $1 \times 10^5$ Pa のとき，**C** の沸点が最も高い。

② 40 ℃では，**C** の飽和蒸気圧が最も低い。

③ 外圧が $2 \times 10^4$ Pa のときの **B** の沸点は，外圧が
$1 \times 10^5$ Pa のときの **A** の沸点より低い。

④ 20 ℃の密閉容器にあらかじめ $5 \times 10^3$ Pa の窒素が
入っているとき，その中での **B** の飽和蒸気圧は 15
$\times 10^3$ Pa である。

⑤ 80 ℃における **C** の飽和蒸気圧は，20 ℃における
**A** の飽和蒸気圧より低い。

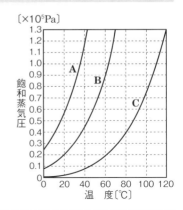

〔$\times 10^5$Pa〕

飽和蒸気圧

温　度〔℃〕

-----

**解説**　最重要 61 の確認問題。

① 外圧と蒸気圧が等しくなると沸騰するので，**C** の沸点が最も高い。

② 同温では，下にある曲線ほど蒸気圧が低い。

③ 外圧が $0.2 \times 10^5$ Pa のときの **B** の沸点は 20 ℃，$1 \times 10^5$ Pa のときの **A** の沸点は
約 36 ℃であり，**B** のほうが低い。

④ 蒸気圧は温度により決まるから，20 ℃の **B** の蒸気圧は $0.2 \times 10^5$ Pa である。

⑤ 80 ℃の **C** の飽和蒸気圧は約 $0.39 \times 10^5$ Pa，20 ℃の **A** の飽和蒸気圧は約 $0.57 \times$
$10^5$ Pa で，**C** のほうが低い。

**答**　④

## 水の状態図について次の **3つ**をおさえておく。

### **1** A，B，Cの温度・圧力の範囲がそれぞれ**固体・液体・気体**。

> **解説** 大気圧は $1.013×10^5$ Pa であるから，0℃〜100℃の間が液体である。

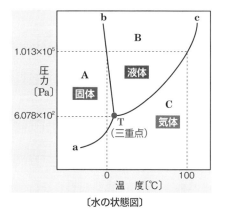

〔水の状態図〕

### **2** 大気圧より**圧力を高くする**と，**沸点**(100℃)が**高く**なり，**凝固点**(0℃)は**低く**なる。

> **解説** 沸点は **T−c** に，凝固点は **T−b** に沿って，それぞれ図の上方に向かう。

### **3** T は**三重点**といい，この温度・圧力では**固体・液体・気体が共存**する。

> **解説** T 以下の圧力では，液体が存在せず，固体(氷) $\rightleftarrows$ 気体(水蒸気) と変化する。

---

**入試問題例**　**水の状態図**　　　　　　　　　　　　　　　東京薬大

　右図は水の状態図で，P は圧力，T は温度を示す。この図から，次の記述のうち，正しいものを選べ。
① 氷の融点は一定で，圧力によって変わらない。
② 圧力が $p_1$ より低いときは，氷は水蒸気になる。
③ 温度 $t_2$ は，圧力 $p_2$ における沸点を示している。
④ 圧力が $p_2$ から $p_3$ になると，水の沸点は低くなる。
⑤ 温度が $t_1$ より高くても氷が存在することがある。

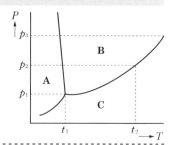

- - - - - - - - - - - - - - - - - - - - - - - - - - - - - - - - - - - - - - - - - - - - - - - - - -

> **解説** 最重要62 がわかれば，簡単に解答できる。① 氷の融点は圧力が大きくなると，**A・B** 間の線に沿って低くなる。　② **A** $\rightleftarrows$ **C** となり，正しい。　③ 正しい。　④ **B・C** 間の曲線に沿うから，高くなる。　⑤ $t_1$ より高い場合は，**A**(氷)が存在しない。

**答**　②，③

# 16 ▶ 気体の法則

**最重要**
**63**
一定量の**気体の状態**(温度・圧力・体積)**の変化**は，
**ボイル・シャルルの法則の式**に代入する。

**1** ボイル・シャルルの法則の式は，以下のとおり。

$$\frac{P_1 V_1}{T_1} = \frac{P_2 V_2}{T_2}$$

$$T[\mathrm{K}] = 273 + t[℃]$$

└── 絶対温度　　　　　└── セ氏温度

はじめ ⇨ 圧力：$P_1$，絶対温度：$T_1$，体積：$V_1$
変化後 ⇨ 圧力：$P_2$，絶対温度：$T_2$，体積：$V_2$

**解説** ▶上の式に代入するとき，$P_1$ と $P_2$ の単位，$V_1$ と $V_2$ の単位をそれぞれ一致させる。

▶一定量の気体については，$\dfrac{PV}{T} = k$（一定）　を示している。

⇨ $PV = kT$ より，「**体積が一定のとき，圧力は絶対温度に比例する。**」

**補足** ▶単位に℃を用いる温度を**セ氏温度(セルシウス温度)**という。

▶−273℃を基点として，セ氏温度と目盛り間隔を同じとした温度を**絶対温度**といい，
単位は K（ケルビン）を用いる。

**2** **温度が一定** ⇨ **ボイルの法則**：$T_1 = T_2$ より，$P_1 V_1 = P_2 V_2$

**解説** 「温度が一定のとき，気体の体積 $V$ は圧力 $P$ に反比例する。」とも表現される。

**3** **圧力が一定** ⇨ **シャルルの法則**：$P_1 = P_2$ より，$\dfrac{V_1}{T_1} = \dfrac{V_2}{T_2}$

**解説** 「圧力が一定のとき，気体の体積 $V$ は絶対温度 $T$ に比例する。」とも表現される。

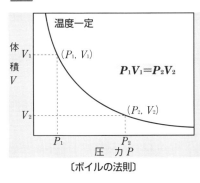

〔ボイルの法則〕

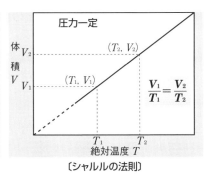

〔シャルルの法則〕

**ボイル・シャルルの法則**

(1) 0℃，$1.0 \times 10^5$ Pa で 700 mL の気体を，227℃，$2.0 \times 10^5$ Pa にすると，体積は何 L になるか。

(2) −3℃ で，1.8 L のピストン付き容器に圧力 $6.0 \times 10^4$ Pa で封入した水素を，圧縮して 300 mL にしたところ，27℃ となった。圧力は何 Pa になったか。

解説　ボイル・シャルルの法則の式 $\dfrac{P_1 V_1}{T_1} = \dfrac{P_2 V_2}{T_2}$ に代入する。

このとき，**温度は絶対温度とし，変化前後の圧力と体積の単位を統一する。**

(1) $\dfrac{1.0 \times 10^5 \,\text{Pa} \times \overset{\text{700 mL}}{0.70 \,\text{L}}}{273 \,\text{K}} = \dfrac{2.0 \times 10^5 \,\text{Pa} \times V\,[\text{L}]}{(273 + 227)\,\text{K}}$ ∴ $V \fallingdotseq 0.64 \,\text{L}$

(2) $\dfrac{6.0 \times 10^4 \,\text{Pa} \times 1.8 \,\text{L}}{(273 - 3)\,\text{K}} = \dfrac{P\,[\text{Pa}] \times \overset{\text{300 mL}}{0.30 \,\text{L}}}{(273 + 27)\,\text{K}}$ ∴ $P = 4.0 \times 10^5 \,\text{Pa}$

答　(1) **0.64 L**　(2) **$4.0 \times 10^5$ Pa**

---

**気体の状態の変化を表すグラフ**　　　鳥取大

次の実験(I)および(II)に該当するグラフを下のグラフ**ア〜カ**のうちから選べ。

(I) 一定量の酸素を，$1.0 \times 10^5$ Pa (1 atm)のもとで 20℃ より 100℃ まで加熱し，引き続き 100℃ のもとで圧力を低下させながら体積の変化を測定した。

(II) 一定量の酸素を，体積 20 L のもとで 20℃ より 100℃ まで加熱し，引き続き 100℃ のもとで体積を増大させながら圧力の変化を測定した。

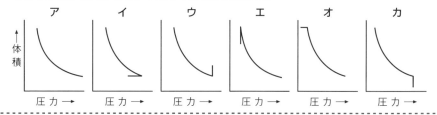

解説　(I) はじめは，圧力が一定で，温度が上昇するから，体積が大きくなる(最重要63−**3**)。よって，縦軸に平行の線となる。次に温度一定で，圧力が小さくなるから，ボイルの法則にしたがって体積が大きくなる(最重要63−**2**)。よって，「$PV = $ 一定」の曲線となる。

(II) はじめは，体積が一定で，温度が上昇するから，ボイル・シャルルの法則にしたがって圧力が高くなる。よって，横軸に平行の線となる。次に温度が一定で，体積を大きくするから，ボイルの法則にしたがって圧力が小さくなる。よって，「$PV = $ 一定」の曲線となる。

答　(I) **カ**　　(II) **イ**

最重要 64

# 気体の $P$, $V$, $T$ と $n$, $w$, $M$ の関係の計算

圧力　体積　温度　物質量　質量　分子量

問題は，次の**気体の状態方程式**に代入する。

$$PV=nRT \qquad PV=\frac{w}{M}RT$$

$R$：気体定数

└── 何を求めるかによって使い分けられるようにしておくこと。

## 1 代入するとき，**単位に着目！**

$P\to Pa$, $V\to L$, $T\to K$ $\Rightarrow$ $R=8.31\times10^3\,Pa\cdot L/(K\cdot mol)$

$P\to kPa$, $V\to L$, $T\to K$ $\Rightarrow$ $R=8.31\,kPa\cdot L/(K\cdot mol)$

$P\to Pa$, $V\to m^3$, $T\to K$ $\Rightarrow$ $R=8.31\underline{Pa\cdot m^3}/(K\cdot mol)$

└── J（ジュール）

補足 $P\to atm$, $V\to L$, $T\to K$ $\Rightarrow$ $R=0.082\,atm\cdot L/(K\cdot mol)$

## 2 **標準状態**の場合は「**1 mol の気体の体積 $\Rightarrow$ 22.4 L**」を用いて比例計算で求めるほうがよい（$\Rightarrow$ p.35）。

解説 標準状態の気体の体積と分子数・質量・分子量の計算問題は，一般に，状態方程式に代入するより，比例計算で求めるほうが計算が簡単である。

---

例題 **気体の状態方程式**

次の(1), (2)を求めよ。原子量：$O=16.0$，アボガドロ定数：$6.0\times10^{23}/mol$，気体定数 $R=8.31\times10^3\,Pa\cdot L/(K\cdot mol)$ とする。

(1) 27℃，$3.03\times10^5\,Pa$ で 600 mL の酸素中の分子の数はどれだけか。

(2) 17℃，$2.0\times10^5\,Pa$ で，2.0 L の酸素の質量は何 g か。

解説 (1) 気体の体積・圧力・温度と分子数の関係であるから，$PV=nRT$ に代入。

$V$ は L 単位：600 mL = 0.60 L より，└── 物質量とアボガドロ定数で求まる。

$3.03\times10^5\times0.60=n\times8.31\times10^3\times(273+27)$ $\therefore$ $n\fallingdotseq7.29\times10^{-2}\,mol$

分子数は，$6.0\times10^{23}/mol\times7.29\times10^{-2}\,mol\fallingdotseq4.4\times10^{22}$

(2) 気体の体積・圧力・温度と質量の関係であるから，$PV=\dfrac{w}{M}RT$ に代入。

$O_2=32.0$, $2.0\times10^5\times2.0=\dfrac{w}{32.0}\times8.31\times10^3\times(273+17)$ $\therefore$ $w\fallingdotseq5.3\,g$

答 (1) **$4.4\times10^{22}$** (2) **5.3 g**

# 最重要 65 理想気体と実在気体の違いは「分子間力」と「分子の体積」の有無。

└── 分子自体の体積で気体の体積ではない。

**理想気体**：ボイル・シャルルの法則や気体の状態方程式に完全にあてはまる仮想の気体 ⇨ **分子間力や分子の体積がない気体**。

**解説** 理想気体に対して**実在気体**は，低温や高圧では分子間力や分子の体積が影響して，ボイル・シャルルの法則や気体の状態方程式からずれる。

|  | 理想気体 | 実在気体 |
|---|---|---|
| 質　量 | ある | ある |
| 分子間力 | ない | ある(低温・高圧で影響) |
| 分子の体積 | ない | ある(高圧で影響) |
| 低温・高圧にする | 気体のまま | 液体または固体に変化 |

## 入試問題例　理想気体と実在気体

甲南大改

右図には**a**，**b**，**c**の3種類の気体における$\dfrac{PV}{T}$と$P$の関係を示している。これら3種類の気体の物質量および温度はすべて同じで一定である。

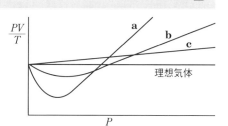

(1) **a**の気体において，圧力を上げていくと，縦軸の数値ははじめ減少したが，さらに高い圧力では逆に増加した。この理由を60字程度で説明せよ。

(2) 3種類の気体がメタン，ヘリウム，二酸化炭素である場合，**a**，**b**，**c**はそれぞれどれに相当するか。

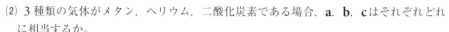

**解説** 最重要65の分子間力や分子の体積に着目する。

(1) はじめ圧力を上げると，分子間力により分子どうしが引きあい気体の体積が収縮する。さらに圧力を上げると，分子自体の体積が影響して気体の体積が大きくなる。

(2) 分子間力は，分子量の大きい分子ほど大きく，また，分子自体の体積の大小もおよそそれによる。分子量は，$CO_2 > CH_4 > He$。

**答** (1) 圧力を上げると，はじめ分子間力がはたらくため収縮して$V$が小さくなるが，さらに圧力を上げると，分子自体の体積が影響して$V$が大きくなるため。

(2) **a**：二酸化炭素　**b**：メタン　**c**：ヘリウム

# 17 ▶ 混合気体と全圧・分圧

## 66 混合気体の全圧・分圧については次の **2 つ**。

### 1 混合気体；全圧＝分圧の和 ⇨ ドルトンの分圧の法則という。

解説 **全圧**：混合気体全体の圧力。
**分圧**：各成分気体が，単独で混合気体と同体積を占めるときに示す圧力。

### 2 混合気体の成分気体について；

### 分圧比＝体積比（同温・同圧）＝物質量比（分子数比）

解説 ▶空気が $N_2$ と $O_2$ からなる混合気体とし，0℃，$1.0 \times 10^5$ Pa（大気圧）で1Lとする。

$$
\begin{cases}
N_2 : \left(\begin{matrix}\text{分圧}: 8.0 \times 10^4 \text{Pa} \\ \text{体積}: 1\,\text{L}\end{matrix}\right) \xrightarrow[\text{ボイルの法則を適用。}]{\text{大気圧}} \left(\begin{matrix}\text{圧力}: 1.0 \times 10^5\,\text{Pa} \\ \text{体積}: 0.8\,\text{L}\end{matrix}\right) \xrightarrow[\text{気体の状態方程式を適用。}]{\text{物質量}} \left(\dfrac{8.0 \times 10^4}{RT}\,\text{mol}\right) \\[3em]
O_2 : \left(\begin{matrix}\text{分圧}: 2.0 \times 10^4 \text{Pa} \\ \text{体積}: 1\,\text{L}\end{matrix}\right) \xrightarrow{\text{大気圧}} \left(\begin{matrix}\text{圧力}: 1.0 \times 10^5\,\text{Pa} \\ \text{体積}: 0.2\,\text{L}\end{matrix}\right) \xrightarrow{\text{物質量}} \left(\dfrac{2.0 \times 10^4}{RT}\,\text{mol}\right)
\end{cases}
$$

よって，**分圧比＝体積比(同温・同圧)＝物質量(mol)比＝4：1**

▶分子量 $M_A$，$M_B$ の気体A，Bをそれぞれ $W_A$〔g〕，$W_B$〔g〕ずつ混合した混合気体中の分圧比は，$P_A : P_B = \dfrac{W_A}{M_A} : \dfrac{W_B}{M_B}$

---

**例題** 混合気体の全圧・分圧

　右図のように，5.0Lの容器を2.0LのA部と3.0LのB部に分け，Aには窒素を $4.0 \times 10^5$ Pa，B部には酸素を $1.5 \times 10^5$ Pa の圧力で入れた後，AとB間の隔壁Cを取り除いて混合気体とした。各気体の分圧と混合気体の全圧を求めよ。温度はすべて同じとする。

```
            C
   ┌──────┬──────┐
   │      │      │
   │  A   │  B   │
   │ 2.0L │ 3.0L │
   │      │      │
   └──────┴──────┘
```

**解説** 混合気体中の $N_2$，$O_2$ の分圧をそれぞれ $x$〔Pa〕，$y$〔Pa〕とすると，ボイルの法則 $P_1V_1 = P_2V_2$ より（最重要63−**2**），

$$4.0 \times 10^5 \times 2.0 = x \times 5.0 \qquad \therefore \quad x = 1.6 \times 10^5\,Pa$$

$$1.5 \times 10^5 \times 3.0 = y \times 5.0 \qquad \therefore \quad y = 9.0 \times 10^4\,Pa$$

「全圧 = 分圧の和」より（最重要66−**1**），混合気体の圧力（全圧）は，

$$1.6 \times 10^5 + 9.0 \times 10^4 = 2.5 \times 10^5\,Pa$$

**答** 窒素の分圧：$\mathbf{1.6 \times 10^5\,Pa}$

酸素の分圧：$\mathbf{9.0 \times 10^4\,Pa}$

全圧：$\mathbf{2.5 \times 10^5\,Pa}$

---

**入試問題例** 混合気体の全圧・分圧 　　　　　　　　　　　　　　　　　秋田大

体積 11.2 L の容器に $H_2$ 1.0 g，$N_2$ 7.0 g，Ar 10 g からなる 0℃ の混合気体が入っている。これらの気体はすべて理想気体であるとして，次の問いに答えよ。ただし，原子量；H = 1.0，N = 14，Ar = 40，気体定数 $R = 8.3 \times 10^3\,Pa \cdot L/(K \cdot mol)$ とする。

(1) 容器内の $H_2$，$N_2$，Ar の分圧はそれぞれ何 Pa か。

(2) 容器内の混合気体の全圧は何 Pa か。

(3) この容器内の温度を 0℃ に保ったまま，容器内の気体と異なる気体をさらに 1.6 g 加えたところ，混合気体の全圧は気体を加える前に比べて $1.0 \times 10^4\,Pa$ 高くなった。新たに加えた気体の分子量を求めよ。ただし，この気体により反応が起こらないものとする。

- - - - - - - - - - - - - - - - - - - - - - - - - - - - - - - - - - - - - - - - - - - - - - -

**解説** (1)(2) 各気体の物質量は，分子量が $H_2$ = 2.0，$N_2$ = 28，Ar = 40 なので，

$$H_2 : \frac{1.0}{2.0} = 0.50\,mol \qquad N_2 : \frac{7.0}{28} = 0.25\,mol \qquad Ar : \frac{10}{40} = 0.25\,mol$$

よって，混合気体の総物質量は，$0.50 + 0.25 + 0.25 = 1.0\,mol$

全圧を $P$〔Pa〕とすると，気体の状態方程式より（最重要64），

$$P \times 11.2 = 1.0 \times 8.3 \times 10^3 \times 273 \qquad \therefore \quad P \fallingdotseq 2.02 \times 10^5\,Pa$$

混合気体の分圧 = 物質量比（最重要66−**2**）より，各気体の分圧は，

$$N_2, Ar : 2.02 \times 10^5 \times \frac{0.25}{1.0} = 5.05 \times 10^4 \fallingdotseq 5.1 \times 10^4\,Pa$$

$$H_2 : 2.02 \times 10^5 \times \frac{0.50}{1.0} = 1.01 \times 10^5 \fallingdotseq 1.0 \times 10^5\,Pa$$

(3) 高くなった $1.0 \times 10^4\,Pa$ は，加えた 1.6 g の気体の分圧である。

よって，この気体の分子量を $M$ とすると，気体の状態方程式より（最重要64），

$$1.0 \times 10^4 \times 11.2 = \frac{1.6}{M} \times 8.3 \times 10^3 \times 273 \qquad \therefore \quad M \fallingdotseq 32.4$$

**答** (1) $N_2$：$\mathbf{5.1 \times 10^4\,Pa}$　　$H_2$：$\mathbf{1.0 \times 10^5\,Pa}$　　Ar：$\mathbf{5.1 \times 10^4\,Pa}$

(2) $\mathbf{2.0 \times 10^5\,Pa}$　　(3) **32**

# 67 蒸気を含む混合気体の計算では，次の2つに着目して求める。

**1** ある物質の**蒸気圧**(飽和蒸気圧)は，**温度によって一定**。

> **解説** 気液平衡(⇨p.88)にある物質の気体の圧力が蒸気圧である。気液平衡にあれば，他の気体が存在しても，また，体積が変化しても，つねにその温度の蒸気圧を示し，一定である。

**2** 密閉容器内に**気液平衡にある液体**と**他の気体**が混合しているとき，

**容器内の気体の全圧(大気圧)＝気体の分圧＋蒸気圧**

> **例** 水素を水上置換で捕集した場合，容器内に捕集した気体は，水素と水蒸気の混合気体になっている。
> よって，　水素の分圧＝大気圧(全圧)−水の蒸気圧

---

**例 題**　蒸気圧と分圧・全圧

図のようなピストンのついた容器に，27℃で少量の水と酸素を入れ，3.00Lにしたところ，図のように水は気液平衡の状態になり，容器内の圧力は$8.36 \times 10^4$Paになった。次に27℃に保ったまま，体積を2.00Lにした。27℃の水蒸気圧を$3.60 \times 10^3$Pa，酸素は水に溶けないものとして次の問いに答えよ。

(1) 3.00Lのとき，酸素の分圧は何Paか。

(2) 2.00Lにしたとき，容器内の全圧は何Paか。

> **解説** (1) 最重要67−**2**より，容器内の気体の全圧＝気体の分圧＋蒸気圧
> よって，酸素の分圧は，$(8.36 - 0.360) \times 10^4 = 8.00 \times 10^4$Pa
> (2) 2.0Lにしたときの酸素の分圧$P_0$は，ボイルの法則$P_1 V_1 = P_2 V_2$より，
> $$8.00 \times 10^4 \times 3.0 = P_0 \times 2.0 \quad \therefore \quad P_0 = 1.20 \times 10^5 \text{Pa}$$
> よって，全圧は，$(1.20 + 0.0360) \times 10^5 = 1.24 \times 10^5$Pa

**答** (1) $\mathbf{8.00 \times 10^4 \, Pa}$
(2) $\mathbf{1.24 \times 10^5 \, Pa}$

最重要 **68**

# 温度や物質の状態と蒸気圧の関係について, 次の**2つ**をおさえておく。

すべて気体であると仮定。

**1** 計算によって求めた**気体Aの圧力$P$** その温度での**液体Aの蒸気圧$P_0$** において,

$$\begin{cases} P > P_0 \Rightarrow \text{液体のAが存在し, その蒸気圧(圧力)は}P_0 \\ P \leqq P_0 \Rightarrow \text{Aはすべて気体で, その圧力は}P \end{cases}$$

**解説** ▶圧力$P$は, 与えられた数値を気体の状態方程式に代入するなどして求める。
▶Aの圧力は蒸気圧$P_0$より大きくなることはない。
▶Aがすべて気体の状態では, 気体の圧力は計算した圧力の値となる。

**2** **100℃の水の蒸気圧** $\Rightarrow$ $1.013 \times 10^5\,\text{Pa}$（1 atm）

**補足** 大気圧 = 1 atm（気圧）= 101.3 kPa = $1.013 \times 10^5$ Pa

---

**入試問題例** **水蒸気圧と混合気体の圧力** お茶の水女子大

20℃, $1.01 \times 10^5$ Pa（1 atm）の乾燥空気の入っている20 Lの容器に水を入れて密閉し, 100℃まで温度を上げて容器内の圧力を測った。水の体積は無視して問いに答えよ。原子量：H = 1.0, O = 16, 気体定数$R = 8.3 \times 10^3$ Pa·L/（K·mol）とする。

(1) 100℃における空気の分圧は何Paか。
(2) 水4.5 gを入れた場合の100℃における容器内の圧力は何Paか。
(3) 水18 gを入れた場合の100℃における容器内の圧力は何Paか。

- - - - - - - - - - - - - - - - - - - - - - - - - - - - - - - - - - - - - - - - - - - - - - - - - -

**解説** (1) ボイル・シャルルの法則より, 体積一定の気体の圧力は絶対温度に比例するから, 空気の分圧は, $1.01 \times 10^5 \times \dfrac{273 + 100}{273 + 20} = 1.29 \times 10^5 \fallingdotseq 1.3 \times 10^5$ Pa （最重要63－**1**）

(2) 最重要64より, 水4.5 gがすべて気体となったときの圧力を$P_1$とすると, 分子量は$H_2O = 18$より,

$$P_1 \times 20 = \frac{4.5}{18} \times 8.3 \times 10^3 \times (273 + 100) \qquad \therefore \quad P_1 = 3.86 \times 10^4 \text{ Pa}$$

$P_1 < 1.01 \times 10^5$ Pa（100℃の水蒸気圧）より, 水はすべて気体状態であるから（最重要68－**1**）, 全圧は, $(1.29 + 0.386) \times 10^5 = 1.67 \times 10^5 \fallingdotseq 1.7 \times 10^5$ Pa

(3) 最重要64より，水18gが気体となったときの圧力を$P_2$とすると，

$$P_2 \times 20 = \frac{18}{18} \times 8.3 \times 10^3 \times (273 + 100) \qquad \therefore \quad P_2 \fallingdotseq 1.5 \times 10^5 \, \text{Pa}$$

$P_2 > 1.01 \times 10^5 \, \text{Pa}$（100℃の水蒸気圧）より，液体の水が存在することから（最重要68−**1**），全圧は，$(1.29 + 1.01) \times 10^5 = 2.30 \times 10^5 \, \text{Pa}$

**答** (1) **$1.3 \times 10^5 \, \text{Pa}$**　　(2) **$1.7 \times 10^5 \, \text{Pa}$**　　(3) **$2.3 \times 10^5 \, \text{Pa}$**

---

**入試問題例** **蒸気圧の変化と圧力・質量**　　　　　　　　　　　　　　東京理大改

次の文を読み，問いに答えよ。原子量；H = 1.0，N = 14.0，O = 16.0，大気圧；$1.0 \times 10^5 \, \text{Pa}$，気体定数$R = 8.3 \times 10^3 \, \text{Pa·L/(K·mol)}$

容積2.0Lの密封容器に，0℃のある量の水と空気（窒素と酸素の物質量比4：1の混合物）を入れ，容積を一定に保ちながら160℃までゆっくり温度を上げた。このとき液体の水が徐々に水蒸気に変化し，容器内の圧力は図に示すように，はじめ曲線的に増大し，A点（120℃，$2.5 \times 10^5 \, \text{Pa}$）をこえると直線的に増大した。

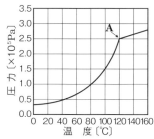

(1) 容器内の空気の質量は何gか。
(2) A点における水蒸気の分圧は何Paか。
(3) 容器内の水と水蒸気の総質量は何gか。

--------------------------------------------------

**解説** (1) 100℃の水蒸気圧は，$1.0 \times 10^5 \, \text{Pa}$である（最重要68−**2**）。図より，このときの全圧は$1.5 \times 10^5 \, \text{Pa}$であるから，最重要66−**1**より空気の分圧は，

$$1.5 \times 10^5 - 1.0 \times 10^5 = 5.0 \times 10^4 \, \text{Pa}$$

空気の平均分子量は，$N_2 = 28.0$，$O_2 = 32.0$なので，

$$28.0 \times 0.8 + 32.0 \times 0.2 = 28.8$$

空気の質量$w$〔g〕は最重要64より，

$$5.0 \times 10^4 \times 2.0 = \frac{w}{28.8} \times 8.3 \times 10^3 \times (273 + 100) \qquad \therefore \quad w \fallingdotseq 0.93 \, \text{g}$$

(2) 120℃の空気の分圧は，最重要63−**1**より，

$$5.0 \times 10^4 \, \text{Pa} \times \frac{273 + 120}{273 + 100} \fallingdotseq 5.26 \times 10^4 \, \text{Pa}$$

$H_2O$（気体）の分圧は，$2.5 \times 10^5 \, \text{Pa}$より，

$$(2.5 - 0.526) \times 10^5 \fallingdotseq 2.0 \times 10^5 \, \text{Pa}$$

(3) 120℃で$H_2O$（気体）が飽和しているから，この$H_2O$（気体）の質量が水と水蒸気の総量に等しい。よって，この質量$w'$〔g〕は，分子量が$H_2O = 18.0$なので最重要64より，

$$2.0 \times 10^5 \times 2.0 = \frac{w'}{18.0} \times 8.3 \times 10^3 \times (273 + 120) \qquad \therefore \quad w' \fallingdotseq 2.2 \, \text{g}$$

**答** (1) **0.93 g**　　(2) **$2.0 \times 10^5 \, \text{Pa}$**　　(3) **2.2 g**

# 18 ▶ 固体の溶解度

**最重要 69**
一般に**固体の溶解度**は，**溶媒 $100\,g$ に溶けうる溶質の $g$ 数**で表すことを確認する。

「溶液」ではないことに着目。

- **固体の溶解度**：溶媒 $100\,g$ に溶けることができる溶質の $g$ 数。
- **質量パーセント濃度**：溶液 $100\,g$ に溶けている溶質の $g$ 数。

---

**例題** 固体の溶解度と質量パーセント濃度

$15\,℃$ の水への硝酸カリウムの溶解度（水 $100\,g$ に溶ける $g$ 数）は $25\,g$ とする。

(1) $15\,℃$ の硝酸カリウム飽和水溶液の質量パーセント濃度はどれだけか。

(2) 質量パーセント濃度 $10\,\%$ の硝酸カリウム水溶液 $200\,g$ がある。$15\,℃$ のこの水溶液に，さらに何 $g$ の硝酸カリウムの結晶が溶けるか。

**解説** (1) $\dfrac{25}{100+25} \times 100 = 20\,\%$

(2) $10\,\%$ の硝酸カリウム水溶液 $200\,g$ 中の $KNO_3$ は，$200 \times \dfrac{10}{100} = 20\,g$

水は，$200 - 20 = 180\,g$ である。この水に溶けることができる $KNO_3$ は，

$25 \times \dfrac{180}{100} = 45\,g$ なので，さらに溶ける $KNO_3$ は，$45 - 20 = 25\,g$

**答** (1) **20 %**

(2) **25 g**

# 70 溶解度曲線を読むことができるようにする。

**1** 右の物質**X**の溶解度曲線について：

**A**点：50℃の水100gに**X**が40g溶解。
⇨ **不飽和水溶液**

**B**点：**A**点の溶液を冷却して40℃となっ
た。⇨ **飽和水溶液**

**C**点：**B**点の溶液を冷却して20℃となっ
た。⇨ **飽和水溶液**で(40−10)gの
**X**の結晶が析出

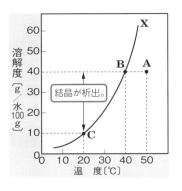

**2** **飽和水溶液**：溶質を溶解度まで溶かした水溶液。

⇨ 見かけ上は溶解・析出が停止しているように見える。

⇨ 溶解平衡の状態。(*p.124*参照)

補足 **飽和溶液と溶解平衡** 飽和溶液では，単位時間に溶解する結晶の粒子(分子やイオン)の数と溶液から析出して結晶に戻る粒子(分子やイオン)の数が等しくなっている。このような状態を溶解平衡という。

---

**入試問題例** **溶解度曲線** 山口大

右に示す溶解度曲線について，次の**ア〜ウ**の物質23gをそれぞれ50gの水に加え，よくかき混ぜた後，80℃に保った。得られた3つの水溶液のうち，飽和状態になっているものはどれか。

**ア** 塩化ナトリウム **イ** 塩化カリウム
**ウ** 硝酸カリウム

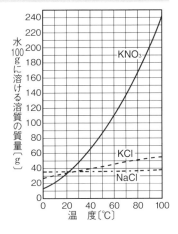

- - - - - - - - - - - - - - - - - - - - - - - - - - - - - - -

解説 最重要70の確認問題。

水100gに対しては，23g×2＝46g加えたことになる。溶解度曲線より，飽和水溶液になっているのはNaClである。

**答** **ア**

最重要

**71**

水和水を含まない結晶；飽和水溶液の**冷却（加熱）**に
よる**析出（溶解）量**は，次の**比例計算**で求める。

飽和水溶液 $W$〔g〕の冷却（加熱）により析出する（さらに溶ける）結晶 $x$〔g〕；

## $(100+はじめの溶解度)：(溶解度の差)=W：x$

**解説** 温度 $t_1$〔℃〕，$t_2$〔℃〕$(t_1>t_2)$ の水に対する物質Aの溶解度をそれぞれ $S_1$，$S_2$；

              └── g／水100g

  (a) $t_1$〔℃〕のAの飽和水溶液 $W$〔g〕を $t_2$〔℃〕まで冷却したとき析出するAを $x$〔g〕と
   すると，$(100+S_1)：(S_1-S_2)=W：x$

  (b) $t_2$〔℃〕のAの飽和水溶液 $W$〔g〕を $t_1$〔℃〕まで温めたとき，さらに溶けるAを
   $x$〔g〕とすると，$(100+S_2)：(S_1-S_2)=W：x$

---

**例 題** ┃ **飽和水溶液の冷却による析出量と加熱による溶解量**

 水 100g に対する硝酸カリウムの溶解度は，60℃で109，20℃で32とする。
(1) 60℃の硝酸カリウム飽和水溶液 200g を 20℃ まで冷却すると，何gの硝酸カリウ
 ムが析出するか。
(2) 20℃の硝酸カリウム飽和水溶液 200g を加熱して 60℃ まで温めると，さらに何g
 の硝酸カリウムを溶かすことができるか。

---

**解説** (1) 最重要71の(a)より，
    $(100+109)：(109-32)=200：x$  ∴ $x=73.6≒74g$

  (2) 最重要71の(b)より，
    $(100+32)：(109-32)=200：y$  ∴ $y=116.6≒117g$

**答** (1) **74g**
  (2) **117g**

# 72 水和水を含まない結晶；飽和水溶液の水の**蒸発**による**析出量の計算**は，次の**比例計算**がポイント。

飽和水溶液の水 $W$〔g〕を蒸発させたとき析出する結晶 $x$〔g〕；

## $$100 : 溶解度 = W : x$$

**解説** 温度 $t$〔℃〕の水に対する物質 A の溶解度 $S$ において，$t$〔℃〕の A の飽和水溶液の水 $W$〔g〕を蒸発させたとき析出する A を $x$〔g〕とすると，$100 : S = W : x$

---

**入試問題例** 　**水溶液の冷却・蒸発による析出量**　　　　　　　　　　星薬大・芝浦工大

(1) 水に対する硝酸カリウム $KNO_3$ の溶解度は，10℃で22.0，60℃で109である。60℃ の $KNO_3$ 飽和水溶液500 g がある。この水溶液に60℃の水100 g を加えた後，10℃まで冷却した。このとき析出する $KNO_3$ の質量は何 g か。

(2) ある塩は水100 g に30℃で50 g，75℃で150 g溶ける。75℃での飽和水溶液100 g から20 g の水を蒸発させた後30℃に冷却すると，無水塩の結晶が何 g 析出するか。

-----------------------------------------------------------------------

**解説** (1) **最重要71** より，60℃の $KNO_3$ 飽和水溶液500 g を10℃まで冷却すると，析出する $KNO_3$ $x$〔g〕は，

$(100 + 109) : (109 - 22.0) = 500 : x$ 　　∴　　$x = 208.1$ g

10℃の水100 g に $KNO_3$ は22.0 g 溶けるから，求める $KNO_3$ は，

$208.1 - 22.0 = 186.1 ≒ 186$ g

(2) **最重要71** より，75℃の飽和水溶液100 g を30℃にしたとき，析出するある塩 $x$〔g〕は，

$(100 + 150) : (150 - 50) = 100 : x$ 　　∴　　$x = 40$ g

**最重要72** より，30℃の水20 g に溶けるある塩 $y$〔g〕は，

$100 : 50 = 20 : y$ 　　∴　　$y = 10$ g

よって，求める無水塩の質量は，$40 + 10 = 50$ g

**答** (1) **186 g** 　(2) **50 g**

**最重要 73**

## 水和水を含む結晶の溶解・析出量の計算 は，次の **2つの比例計算**がポイント。

**1** 飽和水溶液をつくる場合：水 $W$ 〔g〕に溶ける結晶 $X$ 〔g〕

$$\Rightarrow (W+X):(X\text{〔g〕中の無水物の質量})$$

$$= (100+\text{溶解度}):\text{溶解度} \longleftarrow \text{「(100+溶解度)：溶解度」}$$
を基準としている。

**2** 冷却による析出量；飽和水溶液 $W$ 〔g〕を冷却すると析出する結晶 $X$ 〔g〕

$$\Rightarrow (W-X):(\text{冷却時の溶液中の無水物の質量})$$

$$= (100+\text{冷却時の溶解度}):(\text{冷却時の溶解度})$$

---

**例題** 水和水を含む結晶の溶液と析出量

$CuSO_4$ の水 100g に対する溶解度を，60℃で40.0，20℃で20.0，$CuSO_4 = 160$，$CuSO_4 \cdot 5H_2O = 250$ として，次の(1)~(3)の問いに答えよ。

(1) 60℃の水 100g に，硫酸銅(Ⅱ)五水和物 $CuSO_4 \cdot 5H_2O$ が何 g 溶けるか。
(2) 60℃の硫酸銅(Ⅱ)飽和水溶液 200g 中に溶けている無水塩 $CuSO_4$ は何 g か。
(3) 60℃の硫酸銅(Ⅱ)飽和水溶液 200g を 20℃まで冷却したとき，析出する硫酸銅(Ⅱ)五水和物 $CuSO_4 \cdot 5H_2O$ は何 g か。

**解説** (1) 溶ける $CuSO_4 \cdot 5H_2O$ を $x$ 〔g〕とすると，$x$ 〔g〕に含まれる $CuSO_4$ の質量は，

$$x \times \frac{160}{250} = 0.64x \text{〔g〕} \qquad \text{飽和水溶液の質量は}(100+x)\text{〔g〕，}$$

最重要73−**1**より， $\underset{\text{飽和水溶液}}{(100+x)} : \underset{CuSO_4}{0.64x} = \underset{\text{飽和水溶液}}{(100+40.0)} : \underset{CuSO_4}{40.0} \qquad \therefore \quad x \fallingdotseq 80.6\,g$

(2) 溶けている $CuSO_4$ を $y$ 〔g〕とすると，最重要73−**1**より，

$\underset{\text{飽和水溶液}}{200} : \underset{CuSO_4}{y} = \underset{\text{飽和水溶液}}{(100+40.0)} : \underset{CuSO_4}{40.0} \qquad \therefore \quad y = 57.14 \fallingdotseq 57.1\,g$

(3) 析出する $CuSO_4 \cdot 5H_2O$ を $z$ 〔g〕とすると，$z$ 〔g〕に含まれる $CuSO_4$ は(1)より 0.64z 〔g〕。(2)より，60℃の水溶液 200g 中に $CuSO_4$ が57.14g 溶けていたことから，20℃の水溶液中に溶けている $CuSO_4$ は，$(57.14-0.64z)$〔g〕。最重要73−**2**より，

$\underset{\text{飽和水溶液}}{(200-z)} : \underset{CuSO_4}{(57.14-0.64z)} = \underset{\text{飽和水溶液}}{(100+20.0)} : \underset{CuSO_4}{20.0} \qquad \therefore \quad z \fallingdotseq 50.3\,g$

**答** (1) **80.6g** (2) **57.1g** (3) **50.3g**

硫酸銅($\text{II}$)五水和物 $CuSO_4 \cdot 5H_2O$ 75.0 g に 100 g の水を加えた後,加温して完全に溶解させた。その後,この溶液を 30℃ に冷却した。このとき結晶 $CuSO_4 \cdot 5H_2O$ は何 g 析出するか。ただし,無水硫酸銅($\text{II}$)の 30℃ における水に対する溶解度を 25 とし,加温ならびに冷却の過程で,水は蒸発しないものとする。必要があれば,$H_2O = 18$,$CuSO_4 = 160$ を用いよ。

---

**解説** $CuSO_4 \cdot 5H_2O = 160 + 18 \times 5 = 250$

$CuSO_4 \cdot 5H_2O$ 75.0 g に含まれる $CuSO_4$ の質量は,$75.0 \times \dfrac{160}{250} = 48.0 \, g$

析出した $CuSO_4 \cdot 5H_2O$ を $x \, [g]$ とすると,$x \, [g]$ に含まれる $CuSO_4$ の質量は,

$$x \times \frac{160}{250} = 0.64x \, [g]$$

さらに,最重要73−**2**より,

$(175 - x) : (48.0 - 0.64x) = (100 + 25) : 25$    $\therefore$    $x \fallingdotseq 29.5 \, g$
　飽和水溶液　　　　$CuSO_4$　　　　飽和水溶液　$CuSO_4$

**答** **29.5 g**

# 19 ▶ 気体の溶解度

**最重要 74** 気体の溶解度と温度の関係では，
「温度が高いほど溶解度が小さい」ことが重要。

└── 比例などの規則性はない。

**解説** 気体の水への溶解は発熱反応なので，水＋気体 ⇄ 水溶液 の平衡において，温度を高くすると，左に進行する(p.124のルシャトリエの原理)。

**最重要 75** 気体の溶解度と圧力の関係では，ヘンリーの法則(次の2点)を確実におさえる。

一定量の液体に溶ける(温度一定)；

**1** 気体の質量・物質量 ⇨ 圧力に 比例 する。

**解説** 0℃の水1Lに酸素が$1.0 \times 10^5$ Paで$a$〔g〕溶けるとき，次の圧力で溶ける質量は，
$2.0 \times 10^5$ Pa ⇨ $2a$〔g〕，$3.0 \times 10^5$ Pa ⇨ $3a$〔g〕

**2** 気体の体積は $\begin{cases} \text{同圧に換算すると ⇨ 圧力に 比例 する。} \\ \text{その圧力とすると ⇨ 圧力に関係なく 一定}。 \end{cases}$

**解説** 0℃の水1Lに酸素が$1.0 \times 10^5$ Paで$v$〔mL〕溶けるとき，次の圧力で溶ける体積は，
(a) $1.0 \times 10^5$ Paで換算した体積：$2.0 \times 10^5$ Pa ⇨ $2v$〔mL〕，$3.0 \times 10^5$ Pa ⇨ $3v$〔mL〕
└── ボイルの法則による。
(b) その圧力における体積：$2.0 \times 10^5$ Pa ⇨ $v$〔mL〕，$3.0 \times 10^5$ Pa ⇨ $v$〔mL〕

**例 題** 気体の溶解度と圧力

　0℃の水1Lに$1.0 \times 10^5$Pa（1atm）で，酸素が50mL溶ける。同じ温度で，水2Lに$3.0 \times 10^5$Pa（3atm）としたとき，溶ける酸素について，次の値を求めよ。$O_2 = 32$

(1) 質量
(2) 0℃，$1.0 \times 10^5$Paに換算した体積
(3) 体積

**解説** (1) 0℃，$1.0 \times 10^5$Paで50mLの酸素の質量は，$32 \times \dfrac{50}{22.4 \times 10^3} = 7.14 \times 10^{-2}$g

　　　　　　　　└─── 標準状態

　　　水2L，$3.0 \times 10^5$Paで溶ける質量は，ヘンリーの法則より，

　　　　$7.14 \times 10^{-2} \times 2 \times 3 \fallingdotseq 0.43$g

　　(2) 水の量と圧力に比例するから，$50 \times 2 \times 3 = 300$mL

　　(3) 水の量に比例するが，圧力に関係なく一定であるから，$50 \times 2 = 100$mL

**答** (1) **0.43g**
　　(2) **300mL**
　　(3) **100mL**

---

**入試問題例** 気体の溶解度　　　　　　　　　　　　　　　東京農工大 改

気体の水への溶解について，(1)〜(3)の問いに答えよ。

(1) ある温度$T$においてヘンリーの法則が成り立つ気体が水に溶解する現象を考える。その気体が圧力$P$で水に溶けるとき，その圧力での体積を$V$とする。気体の圧力を$2P$にしたとき，水に溶ける気体のその圧力における体積を，$V$を用いて表せ。

(2) 水に対する気体の溶解度は，圧力が一定のとき温度が下がると大きくなるか，小さくなるか答えよ。

(3) 上記(2)と答えた理由を15字以上35字以内で説明せよ。

--------------------------------------------------------------

**解説** (1) 最重要75−**2**より，一定量の液体に溶ける気体の体積は，その圧力においては，圧力に関係なく一定である。

　　(2)，(3) 最重要74より，気体の水への溶解は発熱反応なので，水＋気体 ⇄ 水溶液の平衡において，温度を下げると，気体が水に溶ける方向に反応が進行する。

**答** (1) $V$
　　(2) **大きくなる**
　　(3) **気体の溶解は発熱反応で，温度が下がると溶解方向に反応が進行するから。**

**入試問題例** 　**気体の溶解度と温度・圧力**　　　　　　　　　　　　　　　　　岐阜薬大

右の表は水に対する気体の溶解度を表したもので，$1.01 \times 10^5$ Pa（1 atm）のもとで，水 1 mL に溶ける気体の体積〔mL〕を標準状態に換算したものである。次の問いに答えよ。

原子量：H = 1.0，N = 14，O = 16

| 温度〔℃〕 | 水　素 | 窒　素 | 酸　素 |
|---|---|---|---|
| **a** | 0.016 | 0.011 | 0.021 |
| **b** | 0.018 | 0.015 | 0.031 |
| **c** | 0.021 | 0.023 | 0.049 |

(1) 表の温度 **a**，**b**，**c** は 0℃，20℃，50℃ のいずれかである。0℃ はどれか。

(2) 0℃，$4.04 \times 10^5$ Pa の水素が水 200 mL に接しているとき，この水に溶けている水素の体積はこの条件下で何 mL か。

(3) 窒素と酸素の体積比が 2 : 5 である混合気体が，20℃，$1.01 \times 10^5$ Pa で水と接しているとき，この水に溶けている窒素と酸素の質量比を，窒素を 1 として求めよ。

- - - - - - - - - - - - - - - - - - - - - - - - - - - - - - - - - - - - - - - - - - - - - - - - - - - - - - -

**解説**　(1) 気体の溶解度は，「温度が高いほど小さい」(最重要74)。したがって，温度が最も低い 0℃ は，溶解度が最も大きい **c** である。

　　　(2) 溶ける気体の体積は，「この条件下」とあるから 最重要75−**2** より，圧力は関係なく，水の量だけに比例する。なお，(1)より **c** の値であるから，

　　　　　　$0.021 \times 200 = 4.2$ mL

　　　(3) 溶ける気体の質量は，圧力に比例する(最重要75−**1**)。混合気体の「体積比 = 分圧比」(最重要66−**2**)，20℃ の溶解度は **b**，$N_2 = 28$，$O_2 = 32$ であるから，質量比は，$N_2 : O_2 = 0.015 \times 2 \times 28 : 0.031 \times 5 \times 32 \fallingdotseq 1 : 5.9$

**答**　(1) **c**

　　　(2) **4.2 mL**

　　　(3) **1 : 5.9**

# 20 沸点上昇・凝固点降下

**最重要 76**

## 濃度が大きい溶液ほど蒸気圧が低く，沸点が高いことおよび沸点上昇度をおさえよう。

└─ 溶質が不揮発性。　　　　└─ 蒸気圧降下

└─ 沸点上昇

### 1 蒸気圧降下と沸点上昇の関係

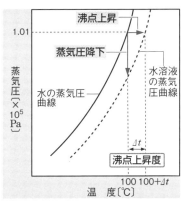

**解説** ▶**蒸気圧降下**：溶質が不揮発性の溶液は，溶媒分子の割合が小さいため蒸発がおさえられ，溶媒より蒸気圧が低くなる。
▶**沸点上昇**：溶質が不揮発性の溶液は，溶媒より沸点が高くなる。これらの沸点の差が**沸点上昇度**。

### 2 沸点上昇度

⇨ **質量モル濃度に比例**。 ◀────── これらは希薄溶液のとき成り立つ。

⇨ 電解質水溶液では，**イオンの質量モル濃度に比例**。◀┘

**解説** ▶**質量モル濃度（mol/kg）**：**溶媒1kg**に溶けている溶質の物質量（mol数）。
▶ $n$〔mol/kg〕の NaCl水溶液；NaCl ⟶ $Na^+$ + $Cl^-$ より $2n$〔mol/kg〕で考える。

# 濃度が大きい溶液ほど凝固点が低くなる
## ことおよび凝固点降下度をおさえよう。

## 1 凝固点降下度

⇨ **質量モル濃度に比例**。

⇨ 電解質水溶液では，**イオンの質量モル濃度に比例**。

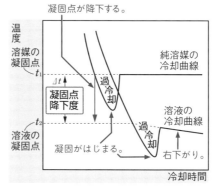

**解説** ▶**凝固点降下**：溶液の凝固点が溶媒の凝固点より低くなる現象。これらの凝固点の差が**凝固点降下度**である。

▶**過冷却**：凝固点以下になっても凝固せず，液体の状態を保つ現象。

▶溶液の冷却曲線は，過冷却後，右下がりになる。これは，溶媒だけ先に凝固し，しだいに濃度が大きくなるからである。

## 2 質量モル濃度の大きい溶液ほど

― 分子・イオンの濃度

{ 沸点が高い（溶質が不揮発性）。
凝固点が低い。

下図は，**A**液(0.1 mol/kg 食塩水)，**B**液(0.1 mol/kg スクロース水溶液)，**C**液(純水)の温度と蒸気圧の関係を示したものである。**A**液〜**C**液の関係を正しく表した図はどれか。

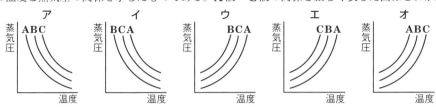

解説　**ア**，**イ**は温度が高いほど蒸気圧が下がっているので誤り。最重要76−**1**より純水(**C**液)の蒸気圧が最も高く，また，食塩水(**A**液)は$NaCl \longrightarrow Na^+ + Cl^-$より，イオンの濃度は0.2 mol/kgとなる。したがって，最重要76−**2**より，**A**液の蒸気圧が最も低い。よって蒸気圧は，**C**＞**B**＞**A**となり，**エ**。

答　**エ**

---

例 題　**水溶液の沸点と凝固点**

水100 gに，次の各物質を3.0 g溶かした水溶液について，下の問いに答えよ。（　）内の数値は分子量・式量である。

(1) 次の**ア〜エ**のうち，沸点の高い水溶液から順に記せ。

(2) 次の**ア〜エ**のうち，凝固点の最も高い水溶液はどれか。

　**ア**　グルコース(ブドウ糖)(180)　　　**イ**　尿素(60)

　**ウ**　塩化カリウム(74.6)　　　**エ**　スクロース(ショ糖)(342)

解説　質量モル濃度は，水1 kg中の溶質の物質量だから，各物質30 gの分子・イオンの物質量を求めればよい。

(1) 最重要76−**2**より，質量モル濃度の大きい順。

(2) 最重要77−**2**より，質量モル濃度の最も小さいもの。

　**ア**：$\dfrac{30}{180}$ mol　　**イ**：$\dfrac{30}{60}$ mol

　**ウ**：$KCl \longrightarrow K^+ + Cl^-$なので，$\dfrac{30}{74.6} \times 2 = \dfrac{30}{37.3}$ mol　　**エ**：$\dfrac{30}{342}$ mol

答　(1) **ウ＞イ＞ア＞エ**

　　(2) **エ**

## 最重要 78 沸点上昇・凝固点降下の計算問題は，次式に代入すればよい。

$$\Delta t = km$$

$\Delta t$：沸点上昇度・凝固点降下度
$k$：モル沸点上昇・モル凝固点降下 ⇨ 溶媒1kgに溶質1mol溶かした溶液の沸点上昇度・凝固点降下度
$m$：質量モル濃度 ⇨ 電解質ではイオンを忘れずに。

---

**例題** 凝固点降下の計算

　水100gにグルコース（ブドウ糖）$C_6H_{12}O_6$　9.0gを溶かした水溶液の凝固点は $-0.93℃$ であった。水400gに塩化ナトリウム23.4gを溶かした水溶液の凝固点は何℃か。原子量；H = 1.0，C = 12.0，O = 16.0，Na = 23.0，Cl = 35.5

**解説** それぞれの水溶液について$\Delta t = km$に代入する。分子量が$C_6H_{12}O_6 = 180$なので，

$$0.93 = k \times \left( \frac{9.0}{180} \times \frac{1000}{100} \right) \quad \cdots\cdots\cdots ①$$

式量が$NaCl = 58.5$，$NaCl \longrightarrow Na^+ + Cl^-$のように電離するので，凝固点降下度を$x$〔K〕とすると，

$$x = k \times \left( \frac{23.4}{58.5} \times 2 \times \frac{1000}{400} \right) \quad \cdots\cdots\cdots ②$$

①，②式より，　$x = 3.72$ K

**答** $-3.7℃$

---

**入試問題例** 凝固点降下と分子量　　　　　　　　　明治大改

　ショウノウの凝固点は$180.00℃$である。$50.0$gのショウノウにナフタレン$C_{10}H_8$を$0.960$g溶かすと，凝固点は$174.00℃$となった。また，ショウノウ$60.0$gにある炭化水素$0.730$gを溶かしたところ，凝固点は$176.92℃$となった。この炭化水素の分子式は次のどれか答えよ。原子量：H = 1.0，C = 12.0

ア $C_{11}H_{14}$　　イ $C_{11}H_{22}$　　ウ $C_{12}H_{14}$　　エ $C_{12}H_{24}$　　オ $C_{13}H_{26}$

- - - - - - - - - - - - - - - - - - - - - - - - - - - - - - - - - - - - - - -

**解説** 最重要78より，ナフタレンのショウノウ溶液について，$\Delta t = km$に代入すると，

分子量が$C_{10}H_8 = 128.0$，$180.00 - 174.00 = k\left( \frac{0.960}{128.0} \times \frac{1000}{50.0} \right)$　$\cdots①$

　ある炭化水素の分子量$M$として，炭化水素のショウノウ溶液について，$\Delta t = km$に代入すると，$180.00 - 176.92 = k\left( \frac{0.730}{M} \times \frac{1000}{60.0} \right)$　$\cdots\cdots\cdots②$

①，②式より，　$M ≒ 158$

この分子量に該当する炭化水素は**ウ**の$C_{12}H_{14}$である。

**答** ウ

# 21 ▶ 浸透圧

最重要

## 79 半透膜・浸透の方向・浸透圧をおさえる。

— セロハン膜，ぼうこう膜など

**1 半透膜**：小さな溶媒分子は通すが，**大きな溶質粒子は通しにくい膜**。
例；水分子 ←┘    例；デンプン，スクロース ←┘

**2 浸透の方向**：半透膜を通って**溶媒分子**は，**溶液の濃度が均一になる方向へ**移動。⇨ **溶媒側**(濃度の小さい溶液)→**溶液側**(濃度の大きい溶液)

**3 浸透圧**：**浸透する圧力** ⇨ **溶液と溶媒の液面を等しくする**ために加える圧力に等しい。

---

| 入試問題例 | 浸透の方向と浸透圧 | センター試験 |

次の文中の(Ⅰ)・(Ⅱ)に入る語句の組み合わせとして最適なものを，表の①〜④から選べ。
　水分子を通すがスクロース分子は通さない半透膜を中央に固定したU字管がある。図のように，**A**側に水，**B**側にスクロース水溶液を両方の液面の高さが同じになるように入れた。十分な時間をおくと液面の高さに$h$の差が生じ，〔(Ⅰ)〕の液面が高くなった。次に**A**側と**B**側の両方にそれぞれ体積$V$の水を加え，放置すると，液面の差は$h$より小さくなった。ここで**A**側から体積$2V$の水を除き，十分な時間放置すると，液面差は〔(Ⅱ)〕。

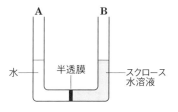

|   | (Ⅰ) | (Ⅱ) |
|---|------|------|
| ① | **A**側 | なくなった |
| ② | **A**側 | $h$にもどった |
| ③ | **B**側 | なくなった |
| ④ | **B**側 | $h$にもどった |

- - - - - - - - - - - - - - - - - - - - - - - - - - - - - - - - - - - - - - - - - - - - - - - -

**解説** 最重要79の確認問題。

(Ⅰ) 水が半透膜を通って，溶液の濃度が均一になる方向，つまり，**A**側の純水から**B**側のスクロース水溶液へ移動する。したがって，**B**側の液面が高くなる。

(Ⅱ) 両方に，それぞれ体積$V$の水を加えると，**B**側の濃度が小さくなるので，$h$は小さくなる。ここで，**A**側から体積$2V$の水を除くと，全体の水の量も溶質の量も，(Ⅰ)の状態と同じになるから，同じ$h$にもどる。

**答** ④

# 最重要 80 ▶ 浸透圧の計算は，次式に代入すればよい。

$$\Pi V = nRT \qquad \Pi V = \frac{w}{M}RT$$

$\Pi$：浸透圧 　⇨ **気体の状態方程式と同じ**
$R$：気体定数 　⇨ **ファントホッフの法則**

**1** 代入するとき，**単位に着目**(p.93参照)。

$\Pi \to Pa$, $V \to L$, $T \to K$ 　⇨ 　$R = 8.31 \times 10^3 \, Pa \cdot L/(K \cdot mol)$

**2** **電解質水溶液** ⇨ $n$ は**イオンを含む総物質量**。

解説 $a$〔mol〕の NaCl 水溶液；NaCl ⟶ $Na^+$ + $Cl^-$ より，$n = 2a$〔mol〕

---

**入試問題例　浸透圧の計算**　　　　　　　　　　　　　　　名城大改

医薬品を血管内へ注射する際には，右表の溶液A などに医薬品成分を溶解して，pH ならびに浸透圧を 血液の条件に合わせることに配慮しなければならない。 表中のリン酸二水素ナトリウム二水和物およびリン酸 水素二ナトリウム十二水和物は緩衝作用を示す成分で

溶液Aの組成（溶液1L中）

| NaCl | 8.00 g |
|---|---|
| $NaH_2PO_4 \cdot 2H_2O$ | 0.45 g |
| $Na_2HPO_4 \cdot 12H_2O$ | 3.23 g |

あり，pH を維持する役割を果たしている。一方，表中の塩化ナトリウム（式量58.5）は浸 透圧を血液の条件に合わせるための成分であり，溶液全体の浸透圧は質量パーセント濃度 が5.33％のグルコース水溶液（密度1.04g/mL）と同じである。表中の塩化ナトリウム 8.00gのかわりにグルコースで浸透圧を血液の条件に合わせる場合には，溶液1L中にグ ルコースを（　　　）g加えればよい。

(1)（　　　）内に最も適する数値を記せ。グルコースの分子量は180とする。

(2) 下線部について，血液の浸透圧はいくらか。ただし，血液を希薄溶液と考え，その浸 透圧は質量パーセント濃度が5.33％である1.0Lのグルコース水溶液（密度1.04g/mL） と同じで，温度は27℃とする。また，$R = 8.3 \times 10^3 \, Pa \cdot L/(K \cdot mol)$とする。

---

解説 (1) 最重要80より，$\Pi V = nRT$　イオンを含む粒子の総物質量 $n$（最重要80−**2**）が等 しいので，加えるグルコースを $x$〔g〕とすると，式量および分子量は NaCl = 58.5，

$C_6H_{12}O_6 = 180$ なので，$\dfrac{x}{180} = \dfrac{8.00}{58.5} \times 2$　　∴　$x \fallingdotseq 49.2$ g

(2) $\Pi V = \dfrac{w}{M}RT$ に数値を代入して求める。

$$\Pi \times 1.0 = \frac{1.04 \times 1000 \times 0.0533}{180} \times 8.3 \times 10^3 \times 300 \qquad ∴ \quad \Pi \fallingdotseq 7.7 \times 10^5 \, Pa$$

**答** (1) **49.2**　　(2) **$7.7 \times 10^5 \, Pa$**

# 22 ▶ コロイド溶液

最重要 81 まず, **コロイド溶液の意味と用語**に関する
次の **2 つ**をおさえておくこと。

**1 コロイド溶液**
- **分散質** ⇨ コロイド粒子；**直径が $10^{-9} \sim 10^{-7}$ m。**　　(← 溶質に相当。)
- **分散媒** ⇨ コロイド粒子を分散している液体。　　(← 溶媒に相当。)

| 真の溶液 | ⇨ | 小さい分子やイオン | ⇨ | 半透膜 | ⇨ | 通　す |
|---|---|---|---|---|---|---|
| **コロイド溶液** | ⇨ | **コロイド粒子** | ⇨ | **半透膜** | ⇨ | **通さない** |
| | | | | **ろ　紙** | ⇨ | **通　す** |
| 沈　殿 | ⇨ | 大きな粒子 | ⇨ | **ろ　紙** | ⇨ | 通さない |

**解説** ▶コロイド粒子が物質中に均一に分散したものを**コロイド**という。
　　　　▶コロイド溶液＝液体コロイドである。

**補足** 塩化鉄(Ⅲ)水溶液を沸騰水に加えると, 赤褐色のコロイド溶液ができる。

**2**
- **ゾル**：流動性のあるコロイド　　例 デンプン水溶液, セッケン水
- **ゲル**：流動性を失ったコロイド　　例 豆腐, 寒天

**補足**
- **固体コロイドの例**：軽石, シリカゲル, スポンジ, 色ガラス
- **気体コロイドの例**：煙, 粉じん, 霧, もや

# コロイド溶液の次の特性はコロイド粒子の大きさとその帯電の関連で覚える。

**1** チンダル現象：コロイド溶液に光を当てると**光の通路が明るく見える**。⇨ **コロイド粒子が光を乱反射**するため。

┗━━ 粒子がイオンなどに比べて大きいから。

**2** ブラウン運動：コロイド粒子が行っている**不規則な運動** ⇨ 分散媒分子の熱運動によるコロイド粒子への衝突が原因。◀━━ コロイド粒子は分散媒分子によって動かされるほど小さい。

**3** 電気泳動：コロイド溶液中に直流電圧をかけると，**コロイド粒子が一方の電極に移動**する。⇨ コロイド粒子が正または負の電荷を帯びているため。

**4** 透析：コロイド溶液をセロハン膜などの半透膜の袋に入れて流水中に浸し，イオンや小さい分子を流水中に分離して**コロイド粒子を精製する操作**。

┗━━ イオンや小さい分子は半透膜を通過するが，コロイド粒子は大きいため通過しない。

# コロイド溶液の種類は，次の2点をおさえる。

**1**
疎水コロイド：**凝析**するコロイド溶液 ⇨ **少量の電解質**で沈殿。

親水コロイド：**塩析**するコロイド溶液 ⇨ **多量の電解質**で沈殿。

┗━━ 少量では沈殿しない。

保護コロイド：疎水コロイドに加えた親水コロイド

⇨ **凝析しにくくなる。**

解説 ▶**疎水コロイド**：分散質が水に混じりにくい。⇨ 一般に，無機物質の水溶液。

例 水酸化鉄(Ⅲ)のコロイド，粘土のコロイド，硫黄のコロイド

▶**親水コロイド**：分散質が水に混じりやすい。⇨ 一般に，有機化合物の水溶液。

例 デンプン水溶液，タンパク質水溶液，セッケン水

▶**保護コロイド**：疎水コロイド粒子のまわりを親水コロイドが包み，凝析しにくくした親水コロイド。例 墨汁のにかわ，インキのアラビアゴム

**2** 分子コロイド：高分子化合物で，分子 1 つがコロイド粒子。
　　会合コロイド：界面活性剤の分子が集まってできたコロイド粒子。

補足　▶分子コロイドの例：デンプン水溶液，タンパク質水溶液
　　　▶会合コロイドの例：セッケン水
　　　　　└ ミセルコロイドともいう。

---

**入試問題例**　**コロイドに関する正誤問題**　　　　　　　　　　上智大改

コロイドに関連した次の記述のうち，誤っているのはどれか。

① セッケンのミセルは，正の電荷を帯びた粒子である。

② 高分子化合物には，分子コロイドを形成するものがある。

③ 水酸化鉄(Ⅲ)のコロイドは，少量の電解質を加えると沈殿するので，疎水コロイドである。

④ デンプンのコロイドは親水コロイドなので，少量の電解質を加えても沈殿しない。

⑤ スクロース(ショ糖)の水溶液は，親水コロイドである。

--------------------------------------------------------------------

解説　①～④は最重要83の確認問題。

　　　① セッケン水は，セッケン分子 $RCOONa$ の陰イオン $RCOO^-$ を外側に向けてミセル(コロイド粒子)をつくるので，負の電荷を帯びている。

　　　② デンプンやタンパク質などの高分子化合物は，分子コロイドを形成する。

　　　③ 少量の電解質を加えると沈殿する(凝析という)コロイドは，疎水コロイドである。

　　　④ 親水コロイドとは，少量の電解質を加えても沈殿しないが，多量の電解質を加えると沈殿する(塩析という)コロイドである。

　　　⑤ スクロースは，小さい分子($C_{12}H_{22}O_{11}$)でコロイド粒子ではないので，コロイド溶液でなく，真の水溶液である(最重要81-**1**)。

**答**▶ ①，⑤

**最重要**

## 84 凝析力が大きい塩は，コロイド粒子と反対の 電荷をもつ価数の大きいイオンを含む塩。

### **1** 正コロイド：コロイド粒子が**正に帯電**

⇨ **電気泳動**で粒子が**陰極**に移動。

**価数の大きい陰イオンほど凝析させやすい。** ◀── $PO_4^{3-} > SO_4^{2-} > Cl^-$

### **2** 負コロイド：コロイド粒子が**負に帯電**

⇨ **電気泳動**で粒子が**陽極**に移動。

**価数の大きい陽イオンほど凝析させやすい。** ◀── $Al^{3+} > Ca^{2+} > Na^+$

解説 ▶「水酸化鉄(Ⅲ)は正コロイド，粘土は負コロイド」を覚えておくと便利。

▶コロイド粒子がそれぞれ同種の電荷を帯びているので，互いに反発して沈殿しない。電解質を加えると，電荷が失われて沈殿する。◀── これが凝析。

---

**例 題** コロイド溶液と凝析力

粘土のコロイド溶液中に電極を入れ，直流電源につなぐとコロイド粒子は陽極側に移動する。粘土のコロイド溶液を凝析させるには，次のどの塩が最も有効か。

ア NaCl　　イ K₂SO₄　　ウ AlCl₃　　エ Na₃PO₄

オ MgSO₄　　カ CaCl₂

解説 粘土のコロイド粒子が陽極側に移動することから，負コロイドである。したがって，価数の大きい陽イオンを含む塩を選ぶ。

ア：$NaCl \longrightarrow Na^+ + Cl^-$　　　　　　イ：$K_2SO_4 \longrightarrow 2K^+ + SO_4^{2-}$

ウ：$AlCl_3 \longrightarrow Al^{3+} + 3Cl^-$　　　　エ：$Na_3PO_4 \longrightarrow 3Na^+ + PO_4^{3-}$

オ：$MgSO_4 \longrightarrow Mg^{2+} + SO_4^{2-}$　　カ：$CaCl_2 \longrightarrow Ca^{2+} + 2Cl^-$

よって，電離して3価の陽イオン $Al^{3+}$ となる $AlCl_3$。

**答** ウ

**コロイドの種類・性質**

次の(1)~(6)のコロイド粒子またはコロイド溶液に関する記述において,下線部分について,正しいものには○,間違っているものは正しく書きかえよ。

(1) 豆乳ににがり(MgCl₂)を加えて豆腐を分離させる操作は<u>凝析</u>である。

(2) 炭の粒子をにかわで包んでつくる墨汁は<u>保護コロイド</u>である。

(3) 河川が海に流れ込む河口付近で三角州ができるのは<u>塩析</u>によるものである。

(4) 金属の酸化物や水酸化物のコロイドは一般に<u>親水コロイド</u>である。

(5) セッケン水に多量の食塩を加えるとセッケンが析出するのは<u>塩析</u>である。

(6) 昼間の空が明るいのは<u>チンダル現象</u>による。

------------------------------------------------------------

**解説**　(1) 豆乳は親水コロイドで,電解質であるにがりを多量に加えると豆腐となって析出する。したがって,塩析である(最重要83-**1**)。

(2) 炭素の粒子が分散している溶液は疎水コロイドで,親水コロイドであるにかわを加えると,にかわが保護コロイドとなって凝析しにくくなる(最重要83-**1**)。

(3) 河川の水は粘土などが混じった疎水コロイドであり,電解質が溶けている海水によって沈殿して三角州ができる。したがって,凝析である(最重要83-**1**)。

(4) 金属の酸化物や水酸化物は,水に溶けにくい物質であり,これらが分散したコロイドであるから疎水コロイドである(最重要83-**1**)。

(5) セッケン水は,セッケン分子の疎水性部分を内側に,親水性部分を外側にして集合したミセルで親水コロイドであり,セッケンの析出は塩析である(最重要83-**1**, **2**)。

(6) 大気はコロイド粒子の大きさの塵埃(じんあい)が存在する気体コロイドである。この大気中を太陽の光が通ると,チンダル現象によって空が明るく見える(最重要82-**1**)。

**答**　(1) **塩析**　　(2) **○**　　(3) **凝析**　　(4) **疎水コロイド**　　(5) **○**　　(6) **○**

# 23 ▶ 反応の速さと進み方

## 85
**反応速度を変える条件**は，**濃度・温度・触媒**がポイント。反応速度が変わる**原理**とともにおさえる。

**1** 反応速度は，**濃度**が大きいほど大きい。⇨ 濃度が大きいほど，単位体積あたりの粒子(分子など)の**衝突回数**が増加するため。

> **解説** $H_2 + I_2 \longrightarrow 2HI$の反応において，$H_2$分子と$I_2$分子が衝突して反応が起こる。$H_2$分子，$I_2$分子の濃度が大きいほど衝突回数が増え，反応速度が大きくなる。

**2** 反応速度は，**温度**が高いほど大きい。⇨ 温度が高いほど，**活性化エネルギー以上**のエネルギーをもつ粒子(分子など)の数が増加するため。

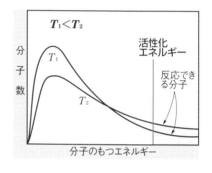

> **解説** ▶**活性化エネルギー**：反応が起こるのに必要なエネルギー。反応物の粒子(分子など)が活性化エネルギー以上のエネルギーを得ると，**遷移状態**(活性化状態)を経て生成物になる(下図参照)。
> ▶温度が高くなる($T_1 \rightarrow T_2$)と，活性化エネルギー以上のエネルギーをもち，反応をすることができる分子が増える。

**3** 反応速度は，**触媒**により変化する。⇨ 正触媒は**活性化エネルギーを小さくする**。⇨ 反応速度が大きくなる。

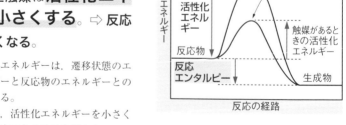

> **解説** ▶活性化エネルギーは，遷移状態のエネルギーと反応物のエネルギーとの差である。
> ▶触媒は，活性化エネルギーを小さくし，反応できる分子を増やす。
>
> **補足** 単に「触媒」といえば，正触媒を指す。負触媒は逆に，活性化エネルギーを大きくして反応速度を小さくする。

**入試問題例** **活性化エネルギーと反応エンタルピー** 早稲田大 改

　右図は，次の反応の反応経路とエネルギーの関係を
示している。

　　$H_2$(気) + $I_2$(気) ⟶ 2HI(気)

$E_1$，$E_2$，$E_3$は，それぞれ生成物，反応物，遷移状
態のエネルギー値〔kJ〕を表す。

　次の問いに答えよ。

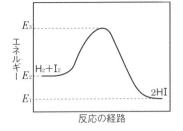

(1) 右向きの反応を正反応として，次の値〔kJ〕を$E_1$，
　　$E_2$，$E_3$で示せ。

　　① 正反応の活性化エネルギー　　② 逆反応の活性化エネルギー

　　③ 正反応の反応エンタルピー

(2) 正触媒を用いたときの遷移状態のエネルギー値〔kJ〕を$E_4$とすると，$E_4$は次の**ア～エ**の
　　どれに該当するか。

　　**ア** $E_4 > E_3$　　**イ** $E_3 > E_4 > E_2$　　**ウ** $E_2 > E_4 > E_1$　　**エ** $E_1 > E_4$

--------------------------------------------------------------------------------

**解説**　最重要85の確認問題である。

　　(1) ① 遷移状態のエネルギー$E_3$と反応物($H_2 + I_2$)のエネルギー$E_2$との差である。

　　　　② 逆反応では，反応物がHIであるから，遷移状態のエネルギー$E_3$とHIのエ
　　　　　ネルギー$E_1$との差である。

　　　　③ 反応物($H_2 + I_2$)のエネルギー$E_2$と生成物HIのエネルギー$E_1$との差である。

　　(2) 正触媒により，遷移状態のエネルギーが低くなるから，$E_4$は$E_3$と$E_2$の間になる。

**答**　(1) ① $E_3 - E_2$　② $E_3 - E_1$　③ $E_2 - E_1$

　　　(2) **イ**

121

# 反応速度と濃度では，次の**2つ**がポイント。

**1** $aA + bB \longrightarrow cC$ $(a, b, c$は係数$)$の反応について，

反応速度式　$\boxed{v = k\,[A]^x\,[B]^y}$

$\left.\begin{array}{l} v：反応速度, \ k：速度定数 \\ [A], \ [B]：反応物のモル濃度 \\ x, \ y：反応の次数 \end{array}\right.$

└─ 係数で決まる
　　わけではない。

補足　このとき，Aについて$x$次反応，Bについて$y$次反応という。

**2** $v = \dfrac{反応物の濃度の変化}{反応時間}$　または　$v = \dfrac{生成物の濃度の変化}{反応時間}$

解説　$t$〔s〕間に反応物の濃度が$c_1$〔mol/L〕から$c_2$〔mol/L〕に変化したとき，平均の反応速度$v$は，　$v = \dfrac{c_1 - c_2}{t}$〔mol/(L·s)〕

---

**例題**　**反応速度式**

A＋B ⟶ Cで表される反応があり，この反応速度$v$は，Aだけ濃度を2倍にすると2倍となり，Bだけ濃度を2倍にすると4倍になる。この反応の速度式を記せ。

解説　はじめの濃度の速度式を，$v_0 = k\,[A_0]^a\,[B_0]^b$ ………………………① とすると，

Aの濃度を2倍にすると，$2v_0 = k \times 2^a\,[A_0]^a \times [B_0]^b = 2^a k\,[A_0]^a\,[B_0]^b$ ………②

Bの濃度を2倍にすると，$4v_0 = k \times [A_0]^a \times 2^b\,[B_0]^b = 2^b k\,[A_0]^a\,[B_0]^b$ ………③

①式と②式より，$a = 1$　　①式と③式より，$b = 2$

答　$v = k\,[A]\,[B]^2$

次の文中の〔　　〕に適する数値または記号を答えよ。

水素(気体)とヨウ素(気体)からヨウ化水素(気体)が生成する反応は，$H_2 + I_2 \longrightarrow 2HI$ のように表され，また，その速度 $v\,[\mathrm{mol/(L \cdot s)}]$ は，$v = k\,[H_2][I_2]$ のように表される。

この式から，一定温度において，容器の体積を $\frac{1}{2}$ に圧縮すると，反応速度は〔　①　〕倍になることがわかる。

いま，容積 $V\,[L]$ の容器中に，$a\,[\mathrm{mol}]$ の水素と $b\,[\mathrm{mol}]$ のヨウ素を入れ，ある反応温度に保ったところ，最初の1秒間にヨウ化水素が $c\,[\mathrm{mol}]$ 生成した。したがって，最初の1秒間に水素は〔　②　〕mol減少したことになる。しかし，この間でのヨウ化水素の生成量はきわめて微量であるため，水素の濃度は〔　③　〕mol/L，ヨウ素の濃度は〔　④　〕mol/Lとみなすことができ，これらを用いて $k$ を求めると　$k = $〔　⑤　〕とみなすことができる。ただし，$v$ は水素の反応量で表した速度である。

-------------------------------------------------------------------------------

**解説**　① 体積を $\frac{1}{2}$ に圧縮すると，$[H_2]$，$[I_2]$ はそれぞれ2倍になるから，

$v$ は，$2 \times 2 = 4$ 倍になる。

②～④

|  | $H_2$ | $+$ | $I_2$ | $\longrightarrow$ | $2HI$ |
|---|---|---|---|---|---|
| はじめ | $a$ | | $b$ | | |
| 1秒間反応 | $-\dfrac{c}{2}$ | | $-\dfrac{c}{2}$ | | $+c$ |
| 1秒後 | $a - \dfrac{c}{2}$ | | $b - \dfrac{c}{2}$ | | $c$ |

（単位：mol）

$a, b \gg c$ なので，$a - \dfrac{c}{2} \fallingdotseq a\,[\mathrm{mol}]$　$b - \dfrac{c}{2} \fallingdotseq b\,[\mathrm{mol}]$

よって，$[H_2] = \dfrac{a}{V}\,[\mathrm{mol/L}]$　　$[I_2] = \dfrac{b}{V}\,[\mathrm{mol/L}]$

⑤ 最重要86 より，$v = k\,[H_2][I_2]$ に代入すると，$v$ は②の濃度変化であるから，

$$\frac{c}{2V} = k \times \frac{a}{V} \times \frac{b}{V} \qquad \therefore \quad k = \frac{cV}{2ab}$$

**答** ① $4$　　② $\dfrac{c}{2}$　　③ $\dfrac{a}{V}$　　④ $\dfrac{b}{V}$　　⑤ $\dfrac{cV}{2ab}$

# 24 ▶ 化学平衡と移動

最重要 87

**化学平衡**の状態は，次がポイント。可逆反応において，

# 「正反応の反応速度＝逆反応の反応速度」

└──── 見かけ上，反応が停止した状態。

**解説** ▶ **可逆反応**：正・逆(右・左)どちらの向きにも起こる反応。
▶ **気液平衡(蒸発平衡)**：蒸発する速さ＝凝縮する速さ ◀── これらも平衡状態
▶ **溶解平衡**：溶解する速さ＝析出する速さ ◀── の1つ。

最重要 88

**平衡の移動方向**は，**ルシャトリエの原理**とともに，
条件を変化させたときの**具体的な方向**をおさえる。

**1** [**ルシャトリエの原理**]：平衡状態において，**条件**(濃度・温度・圧力)を**変化**させると，**変化を打ち消す方向に平衡が移動**する。

**2** **平衡の移動方向**：ルシャトリエの原理による。

[**濃度**]を $\begin{cases} \text{増加させる} ⇨ \text{その物質が反応する} ⇨ \text{濃度が減少する} \\ \text{減少させる} ⇨ \text{その物質が生成する} ⇨ \text{濃度が増加する} \end{cases}$ 方向

[**温度**]を $\begin{cases} \text{高くする} ⇨ \text{吸熱する} ⇨ \text{温度を低くする} \\ \text{低くする} ⇨ \text{発熱する} ⇨ \text{温度を高くする} \end{cases}$ 方向

[**圧力**]を $\begin{cases} \text{高くする} ⇨ \text{気体分子が減少する} ⇨ \text{圧力を低くする} \\ \text{低くする} ⇨ \text{気体分子が増加する} ⇨ \text{圧力を高くする} \end{cases}$ 方向

◇[**触媒**]では，平衡は移動しない。

化学平衡の移動

次の気体反応は平衡状態にある。①～③のとき，平衡が移動する方向を示せ。

$$N_2 + 3H_2 \rightleftarrows 2NH_3 \quad \Delta H = -92\,kJ$$

① $N_2$を増加した。
② 温度を高くした。
③ 圧力を高くした。

**解説** ① $N_2$が反応する方向。
② 吸熱の方向。
③ 気体分子の減少する方向。

**答** ① **右**
② **左**
③ **右**

---

**入試問題例** 化学平衡の移動 宮崎大改

次の反応が平衡状態のとき，（　）内のように条件を変えると平衡はどちらに移動するか。

(1) $2SO_2(気) + O_2(気) \rightleftarrows 2SO_3(気)$ $\Delta H = -198\,kJ$ （圧力一定で温度を上げる）

(2) $CO(気) + H_2O(気) \rightleftarrows CO_2(気) + H_2(気)$ $\Delta H = -41\,kJ$ （温度一定で圧力を下げる）

(3) $2CO(気) + O_2(気) \rightleftarrows 2CO_2(気)$ $\Delta H = -566\,kJ$ （体積一定で酸素を加える）

(4) $N_2(気) + 3H_2(気) \rightleftarrows 2NH_3(気)$ $\Delta H = -92\,kJ$ （圧力一定でアルゴンを加える）

- - - - - - - - - - - - - - - - - - - - - - - - - - - - - - - - - - - - - - - -

**解説** 最重要88−**2**がわかれば，簡単に解答できる。

(1) 吸熱の方向。よって，左へ移動。
(2) 両辺の気体分子数が等しいので，圧力の変化で平衡は移動しない。
(3) 酸素が反応する方向。よって，右に移動。
(4) 圧力一定でArを加えると体積が増加し，加える前の気体の圧力は低くなるので，圧力が増加する方向。よって左に移動。

**答** (1) **左**
(2) **変化なし**
(3) **右**
(4) **左**

# 電離平衡の移動は，次の**2つ**がポイント。

└─ 電離によって生じた化学平衡

**電離平衡の状態にあるとき**；電離で生じたイオンと，

**1** **同じイオン（共通イオン）を加える**

⇨ そのイオンが減少する方向，したがって，**電解質が生じる方向に移動**する。

⇨ **共通イオン効果**という。

**2** **反応するイオンを加える**

⇨ そのイオンが増加する方向，したがって，**電離する方向に移動**する。

例 $CH_3COOH \rightleftarrows CH_3COO^- + H^+$

この例において，**1**は$CH_3COO^-$や$H^+$を加えると左方向，**2**はたとえば$NaOH$を加えると$H^+ + OH^- \longrightarrow H_2O$の反応が起こり，$H^+$が減少して右方向へ平衡が移動する。

# 平衡移動とグラフについては，**次の3つの基本パターン**をおさえる。⇨ ルシャトリエの原理のグラフ化。

<u>気体物質 A，B，C，D の反応</u>：$aA + bB \rightleftarrows cC + dD$　$\Delta H = -Q \,[kJ]$

└─ 固体は考慮しない。　　　　　　　　　（$a$，$b$，$c$，$d$は係数）

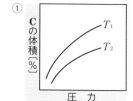

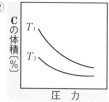

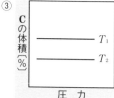

（Ⅰ）　**圧力の増加につれてCが増加** ⇨ $a+b > c+d$　　**圧力の増加につれてCが減少** ⇨ $a+b < c+d$　　**圧力が変化してもCが一定** ⇨ $a+b = c+d$

（Ⅱ）　**温度 $T_1$，$T_2$ において**：$T_1 > T_2$ ⇨ $\underline{-Q < 0}$，　$T_1 < T_2$ ⇨ $\underline{-Q > 0}$

Cが生成するのは吸熱。　　　　　　　　　　　Cが生成するのは発熱。

**例 題** 　電離平衡の移動

硫化水素を水に吹き込むと，水に溶けて次のように電離する。

$$H_2S \rightleftarrows H^+ + HS^- \qquad HS^- \rightleftarrows H^+ + S^{2-}$$

次の操作で，$S^{2-}$の濃度はどうなるか。「増加」，「減少」，「変化なし」で記せ。

① 塩化水素を吹き込む。

② NaOHを加える。

**解説** ① $HCl \longrightarrow H^+ + Cl^-$，$H^+$が増加して平衡は左に移動し，$S^{2-}$が減少する。
　　　　　　　　　　　　　　　　　　　　└── 共通イオン効果

② $NaOH \longrightarrow Na^+ + OH^-$，$H^+ + OH^- \longrightarrow H_2O$，$H^+$が減少するので平衡は右
に移動し，$S^{2-}$が増加する（最重要89−**2**）。└── 中和の反応。

**答** ① 減少　② 増加

---

**入試問題例** 　平衡移動とグラフ　　　　　　　　　　　　　　　東京電機大改

次の反応式に示す生成物について，その体積％と圧力・温度の関係を表すグラフを，下
の**ア〜カ**から選べ。ただし，図中の$T$は温度を表し，$T_1 < T_2$とする。

(1) $2SO_2(気) + O_2(気) \rightleftarrows 2SO_3(気)$ 　$\Delta H = -198\,kJ$

(2) $N_2(気) + O_2(気) \rightleftarrows 2NO(気)$ 　　　$\Delta H = 181\,kJ$

(3) $C(固) + CO_2(気) \rightleftarrows 2CO(気)$ 　　$\Delta H = 172\,kJ$

ア　　　　イ　　　　ウ　　　　エ　　　　オ　　　　カ

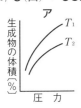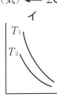

生成物の体積〔％〕　／　圧力

---

**解説** 　最重要88−**2**と最重要90によって解答できる。

(1) 気体の分子数が 左辺＞右辺 なので，圧力の増加につれて生成物が増加する**ア**
か**ウ**。発熱反応であるから，温度が低い$T_1$のほうが生成物の％が大きい**ア**。

(2) 気体の分子数が 左辺＝右辺 なので，圧力の変化と関係なく，生成物の％が一
定な**オ**か**カ**。吸熱反応であるから，温度が高い$T_2$のほうが生成物の％が大きい**カ**。

(3) Cは固体なので考慮しない。気体の分子数が 左辺＜右辺 なので，圧力の増加
につれて生成物が減少する**イ**か**エ**。吸熱反応であるから，温度が高い$T_2$のほう
が生成物の％が大きい**エ**。

**答** 　(1) **ア**　　(2) **カ**　　(3) **エ**

# 25 ▶ 平衡定数

### 91
平衡状態における**平衡定数の関係式**とともに，
〔**平衡定数の計算パターン**〕をものにしよう。

**物質A，B，C，D間の** $aA + bB \rightleftharpoons cC + dD$ （$a$，$b$，$c$，$d$は係数）で示される可逆反応が**平衡状態にあるとき**，

$$\frac{[C]^c[D]^d}{[A]^a[B]^b} = K \qquad K：平衡定数$$

> **解説** ▶この関係を**化学平衡の法則**または**質量作用の法則**という。
> ▶平衡定数は，**温度一定のとき一定**。◀── 濃度に関係なく一定。
>
> ⇨ 温度を高くすると $\begin{cases} \text{発熱反応} ⇨ \text{平衡定数は}\textbf{小さくなる} ← [A]と[B]が大きくなる。\\ \text{吸熱反応} ⇨ \text{平衡定数は}\textbf{大きくなる} ← [C]と[D]が大きくなる。 \end{cases}$

〔**平衡定数の計算パターン**〕⇨「**はじめ**」，「**変化量**」，「**平衡時**」，「**モル濃度**」

体積 $V$〔L〕の溶液中に含まれる物質A $n_A$〔mol〕とB $n_B$〔mol〕から，C，Dが生じて平衡状態になったとき，

| 反応式 | $aA$ | $+$ | $bB$ | $\rightleftharpoons$ | $cC$ | $+$ | $dD$ |
|---|---|---|---|---|---|---|---|
| **はじめ** ⇨ | $n_A$〔mol〕 | | $n_B$〔mol〕 | | | | |
| **変化量** ⇨ | $-n_A{'}$〔mol〕 | | $-n_B{'}$〔mol〕 | | $+n_C{'}$〔mol〕 | | $+n_D{'}$〔mol〕 |
| **平衡時** ⇨ | $(n_A-n_A{'})$〔mol〕 | | $(n_B-n_B{'})$〔mol〕 | | $n_C{'}$〔mol〕 | | $n_D{'}$〔mol〕 |
| **モル濃度** ⇨ | $\dfrac{n_A-n_A{'}}{V}$〔mol/L〕 | | $\dfrac{n_B-n_B{'}}{V}$〔mol/L〕 | | $\dfrac{n_C{'}}{V}$〔mol/L〕 | | $\dfrac{n_D{'}}{V}$〔mol/L〕 |

$$K = \frac{\left(\dfrac{n_C{'}}{V}\right)^c \times \left(\dfrac{n_D{'}}{V}\right)^d}{\left(\dfrac{n_A-n_A{'}}{V}\right)^a \times \left(\dfrac{n_B-n_B{'}}{V}\right)^b}$$

> **補足** ▶変化量の比は係数比と一致する。
> ▶$K$の計算で，$a+b=c+d$の場合は，$V$は分母・分子で消えて残らないが，$a+b \neq c+d$の場合は，$V$は残るので，濃度に直す習慣をつけること。

**例 題** 平衡定数の計算

水素 $H_2$ 2.00 mol とヨウ素 $I_2$ 2.00 mol を 4.0 L の容器に入れ，800℃に保ったところ，$H_2 + I_2 \rightleftarrows 2HI$ の反応が平衡に達し，3.20 mol のヨウ化水素 $HI$ が生成した。

(1) この平衡状態における $H_2$，$I_2$，$HI$ のモル濃度を求めよ。

(2) この温度におけるこの反応の平衡定数を求めよ。

**解説** はじめ $H_2$，$I_2$ がそれぞれ 2.00 mol で，平衡状態で $HI$ が 3.20 mol 生じることから，〔平衡定数の計算パターン〕にしたがって，次のようになる。

|  | $H_2$ | + | $I_2$ | $\rightleftarrows$ | $2HI$ |
|---|---|---|---|---|---|
| はじめ | 2.00 mol | | 2.00 mol | | |
| 変化量 | − 1.60 mol | | − 1.60 mol | | + 3.20 mol |
| 平衡時 | 0.40 mol | | 0.40 mol | | 3.20 mol |

(1) $H_2$ と $I_2$ : $\dfrac{0.40\,\text{mol}}{4.0\,\text{L}} = 0.10\,\text{mol/L}$　　$HI$ : $\dfrac{3.20\,\text{mol}}{4.0\,\text{L}} = 0.80\,\text{mol/L}$

(2) $K = \dfrac{[HI]^2}{[H_2][I_2]} = \dfrac{(0.80\,\text{mol/L})^2}{0.10\,\text{mol/L} \times 0.10\,\text{mol/L}} = 64$

**答** (1) $H_2$：**0.10 mol/L**　$I_2$：**0.10 mol/L**　$HI$：**0.80 mol/L**　　(2) **64**

---

**入試問題例** 平衡定数の計算　　　　　　　　　　　　　　　　青山学院大改

20℃で酢酸 1 mol とエタノール 1 mol を混ぜて 1 L の溶液とすると，下の平衡反応式にしたがって平衡状態となり，$\dfrac{2}{3}$ mol の酢酸エチルが生成する。

$$CH_3COOH + C_2H_5OH \rightleftarrows CH_3COOC_2H_5 + H_2O$$

(1) 上の平衡反応の平衡定数 $K$ を求めよ。

(2) 20℃で酢酸 2 mol とエタノール 1 mol を混ぜると，平衡状態で何 mol の酢酸エチルが生成するか。有効数字 2 桁で答えよ。$\sqrt{3} = 1.7$ とする。

- - - - - - - - - - - - - - - - - - - - - - - - - - - - - - - - - - - - - - - - - - - - - -

**解説** (1) 最重要 91 の〔平衡定数の計算パターン〕より，次の関係を導く。

|  | $CH_3COOH$ | + | $C_2H_5OH$ | $\rightleftarrows$ | $CH_3COOC_2H_5$ | + | $H_2O$ |
|---|---|---|---|---|---|---|---|
| はじめ | 1 mol | | 1 mol | | | | |
| 変化量 | $-\dfrac{2}{3}$ mol | | $-\dfrac{2}{3}$ mol | | $+\dfrac{2}{3}$ mol | | $+\dfrac{2}{3}$ mol |
| 平衡時 | $\dfrac{1}{3}$ mol | | $\dfrac{1}{3}$ mol | | $\dfrac{2}{3}$ mol | | $\dfrac{2}{3}$ mol |

溶液の体積が 1 L より，

$$K = \frac{[CH_3COOC_2H_5][H_2O]}{[CH_3COOH][C_2H_5OH]} = \frac{\dfrac{2}{3} \times \dfrac{2}{3}}{\dfrac{1}{3} \times \dfrac{1}{3}} = 4$$

(2) 求める酢酸エチルを$x$〔mol〕とし，(1)と同様に，最重要91の〔**平衡定数の計算パターン**〕にしたがって，次の関係を導き，平衡定数の式に代入する。

| | CH₃COOH | + | C₂H₅OH | ⇌ | CH₃COOC₂H₅ | + | H₂O |
|---|---|---|---|---|---|---|---|
| はじめ | 2 mol | | 1 mol | | | | |
| 変化量 | $-x$〔mol〕 | | $-x$〔mol〕 | | $+x$〔mol〕 | | $+x$〔mol〕 |
| 平衡時 | $(2-x)$〔mol〕 | | $(1-x)$〔mol〕 | | $x$〔mol〕 | | $x$〔mol〕 |

$$K = \frac{x^2}{(2-x)(1-x)} = 4 \qquad \therefore \ 0 < x < 1 \ \text{より}, \quad x = \frac{6-2\sqrt{3}}{3} \fallingdotseq 0.87 \,\text{mol}$$

**答** (1) **4** (2) **0.87 mol**

---

## 気体間の平衡では，次の**圧平衡定数**も重要。

気体 A，B，C，D 間の $a$A + $b$B ⇌ $c$C + $d$D （$a$, $b$, $c$, $d$ は係数）で示される可逆反応が**平衡状態にあるとき**，A～Dの**分圧**をそれぞれ $p_A$, $p_B$, $p_C$, $p_D$ とすると，

$$\boxed{\frac{p_C^{\,c}\,p_D^{\,d}}{p_A^{\,a}\,p_B^{\,b}} = K_p}$$

$\underline{K_p}$：**圧平衡定数**

└─ 温度が一定のとき一定。

**解説** 最重要91の〔**平衡定数の計算パターン**〕にしたがって，平衡時の物質量を求めた後，「物質量比＝分圧比」から分圧を求める場合が多い。

**補足** 圧平衡定数 $K_p$ と濃度平衡定数 $\underline{K}$ の関係

└── 最重要91の平衡定数。

気体の状態方程式より，気体Aについて，$p_A V = n_A RT$

よって，$p_A = \dfrac{n_A}{V}RT = [A]RT$　　また，$[A] = \dfrac{p_A}{RT}$

⇨ $\begin{cases} a+b=c+d \ \text{の場合は，} \ K_p = K \\ a+b \neq c+d \ \text{の場合は，} \ K_p = K(RT)^{c+d-(a+b)} \end{cases}$

　2.0 mol の $SO_2$ と 1.0 mol の $O_2$ を混合すると，次の反応式にしたがって反応は進行し，平衡に達する。　　$2SO_2 + O_2 \rightleftarrows 2SO_3$

　反応開始時の混合気体の圧力を 100 kPa として，温度と体積を一定にして反応させたところ，平衡時の全圧は 80 kPa となった。

(1) 平衡時の $SO_2$，$O_2$，$SO_3$ の物質量は何 mol か。

(2) この反応の圧平衡定数を求めよ。

- - - - - - - - - - - - - - - - - - - - - - - - - - - - - - - - - - - - - - - - - - - - - - - - - - - - - - - - - -

**解説**　(1) 反応した $O_2$ を $x$〔mol〕とすると，最重要91 の〔**平衡定数の計算パターン**〕より，

|  | $2SO_2$ | + | $O_2$ | $\rightleftarrows$ | $2SO_3$ | （物質量計） |
|---|---|---|---|---|---|---|
| はじめ | 2.0 mol | + | 1.0 mol |  |  | = 3.0 mol |
| 変化量 | $-2x$〔mol〕 |  | $-x$〔mol〕 |  | $+2x$〔mol〕 |  |

平衡時　$(2.0-2x)$〔mol〕 + $(1.0-x)$〔mol〕 + $2x$〔mol〕 = $(3.0-x)$〔mol〕

物質量比＝圧力比 より，$\dfrac{3.0}{3.0-x}=\dfrac{100}{80}$　∴ $x=0.60$ mol　平衡時の物質量は，

$SO_2 : 2.0-2\times0.60=0.8$ mol，$O_2 : 1.0-0.60=0.4$ mol，$SO_3 : 2\times0.60=1.2$ mol

(2) 分圧は，　$SO_2 : 80\times\dfrac{0.8}{2.4}=\dfrac{80}{3}$ kPa　　$O_2 : 80\times\dfrac{0.4}{2.4}=\dfrac{40}{3}$ kPa

$SO_3 : 80\times\dfrac{1.2}{2.4}=40$ kPa　　$K_p=\dfrac{40^2}{\left(\dfrac{80}{3}\right)^2\times\left(\dfrac{40}{3}\right)}\fallingdotseq0.17$ kPa$^{-1}$（最重要92）

**答**　(1) $SO_2 : $ **0.8 mol**　$O_2 : $ **0.4 mol**　$SO_3 : $ **1.2 mol**
　　(2) **0.17 kPa$^{-1}$**

# 26 ▶ 電離平衡

**93** 弱酸・弱塩基水溶液の電離平衡における
濃度・電離定数の計算のポイントは，次の **3 点**。

**1** 弱酸・弱塩基水溶液において，**電離度 $\alpha \ll 1 \Rightarrow 1-\alpha \fallingdotseq 1$**

> 補足 濃度が非常に小さい場合，電離度が大きくなり，$1-\alpha \fallingdotseq 1$ と近似できなくなる。

**2** $c$〔mol/L〕酢酸・アンモニア水について，

> 出題される1価の弱酸の多くは
> 酢酸，弱塩基はアンモニア。

$$\left.\begin{array}{l}[CH_3COOH] \\ [NH_3]\end{array}\right\} = c(1-\alpha) \fallingdotseq c \,〔mol/L〕$$

> 解説 ▶
> $$CH_3COOH \rightleftharpoons CH_3COO^- + H^+$$
> 電離平衡時 ⇨ $c(1-\alpha) \fallingdotseq c \qquad c\alpha \qquad c\alpha$
>
> ▶
> $$NH_3 + H_2O \rightleftharpoons NH_4^+ + OH^-$$
> 電離平衡時 ⇨ $c(1-\alpha) \fallingdotseq c \qquad c\alpha \qquad c\alpha$
> └── 水の濃度は定数とみなせる。（単位；mol/L）

**3** 電離定数 $K = \dfrac{c\alpha \times c\alpha}{c(1-\alpha)} = \dfrac{c\alpha^2}{1-\alpha} \fallingdotseq c\alpha^2$〔mol/L〕

> 解説 ▶酢酸，アンモニアの電離定数をそれぞれ $K_a$，$K_b$ とすると，
> $$K_a = \frac{[CH_3COO^-][H^+]}{[CH_3COOH]} \qquad K_b = \frac{[NH_4^+][OH^-]}{[NH_3]}$$
> ▶$\alpha^2 = \dfrac{K}{c}$ より，$\alpha = \sqrt{\dfrac{K}{c}}$ ◀── 電離度を表すこの式も
> おさえておくこと。

# $[CH_3COO^-] = [H^+]$, $[NH_4^+] = [OH^-]$ とおくのが$[H^+]$, $[OH^-]$を求める計算のポイント。

$c$〔mol/L〕の酢酸水溶液, アンモニア水などの$[H^+]$や$[OH^-]$を求める場合, 次の式から求める。

$$K_a = \frac{[H^+]^2}{[CH_3COOH]} = \frac{[H^+]^2}{c} \qquad K_b = \frac{[OH^-]^2}{[NH_3]} = \frac{[OH^-]^2}{c}$$

補足 1価の弱酸HXの水溶液の場合も同様に, $[H^+] = [X^-]$とする。

---

**入試問題例** 酢酸の電離平衡 　　　　　　　　　　　　　　　　　　　甲南大

文中の (a) ～ (f) にあてはまる最も適当な式を記せ。

酢酸$CH_3COOH$を純水に溶かすと, 式①のような電離平衡が成り立つ。

$$CH_3COOH \rightleftarrows CH_3COO^- + H^+ \quad \cdots\cdots①$$

酢酸の電離定数$K_a$は, $[CH_3COOH]$, $[CH_3COO^-]$, $[H^+]$を用いて,

$$K_a = \boxed{(a)} \quad \cdots\cdots②$$

$K_a$は温度が一定であれば一定値となり, 例えば25℃で$K_a = 2.6 \times 10^{-5}$ mol/Lである。

いま, 酢酸水溶液中で成り立っている電離平衡が式①と考えると, 酢酸を溶かして$C$〔mol/L〕とした酢酸水溶液中の$[CH_3COO^-]$と$[H^+]$は, $C$と酢酸水溶液中の酢酸の電離度$\alpha$を用いて式③のように表される。

$$[CH_3COO^-] = [H^+] = \boxed{(b)} \quad \cdots\cdots③$$

また, $[CH_3COOH]$は$C$と$\alpha$を用いて式④のように表される。

$$[CH_3COOH] = \boxed{(c)} \quad \cdots\cdots④$$

したがって, 式②～④より, 電離定数$K_a$は$C$と$\alpha$を用いて式⑤のように表される。

$$K_a = \boxed{(d)} \quad \cdots\cdots⑤$$

ここで, 電離度$\alpha$が1よりもはるかに小さいとみなせるとき, 式④は$[CH_3COOH] \fallingdotseq C$と近似できる。したがって, この場合の電離度$\alpha$は$C$と$K_a$を用いて, 式⑥のように表すことができる。

$$\alpha = \boxed{(e)} \quad \cdots\cdots⑥$$

式⑥は, 酢酸の濃度$C$が大きくなるほど, 電離度$\alpha$は小さくなることを示している。また, 式⑥と式③より, 酢酸水溶液の$[H^+]$は, $C$と$K_a$を用いて式⑦のように表すことができるため, 水溶液の$[H^+]$から酢酸の濃度$C$が求められる。

$$[H^+] = \boxed{(f)} \quad \cdots\cdots⑦$$

**解説** (a) 最重要93-**3**より，$K_a = \dfrac{[CH_3COO^-][H^+]}{[CH_3COOH]}$

(b), (c)

|  | $CH_3COOH$ | $\rightleftharpoons$ | $CH_3COO^-$ | $+$ | $H^+$ |
|---|---|---|---|---|---|
| はじめ | $C$ |  | $0$ |  | $0$ |
| 変化量 | $-C\alpha$ |  | $+C\alpha$ |  | $+C\alpha$ |
| 平衡時 | $C(1-\alpha)$ |  | $C\alpha$ |  | $C\alpha$ （単位：mol/L） |

よって，式③は$[CH_3COO^-] = [H^+] = C\alpha$，式④は，$[CH_3COOH] = C(1-\alpha)$

(d) 式②に式③，④を代入すると最重要93-**3**のようになる。よって，式⑤は，

$$K_a = \frac{C\alpha^2}{1-\alpha}$$

(e) 式④は$[CH_3COOH] = C$と近似できるので（最重要93-**2**），$K_a = C\alpha^2$

よって，式⑥は，$\alpha = \sqrt{\dfrac{K_a}{C}}$ （最重要93-**3**）

(f) $[H^+] = C\alpha = C \times \sqrt{\dfrac{K_a}{C}} = \sqrt{CK_a}$

**答** (a) $\dfrac{[CH_3COO^-][H^+]}{[CH_3COOH]}$ (b) $C\alpha$ (c) $C(1-\alpha)$

(d) $\dfrac{C\alpha^2}{1-\alpha}$ (e) $\sqrt{\dfrac{K_a}{C}}$ (f) $\sqrt{CK_a}$

---

**最重要**
**95** ▶ **緩衝液**と，その**pHの求め方**を確実におさえる。

**1** **緩衝液**：少量の酸や塩基を加えても pH がほとんど変化しない溶液

緩衝作用のある溶液。 —

⇨「**弱酸＋弱酸の塩**」および「**弱塩基＋弱塩基の塩**」の溶液

**解説** ▶**緩衝作用**：弱酸または弱塩基の電離平衡が，加えた酸や塩基の影響を打ち消す方向に移動するためにpHがほぼ一定に保たれる性質。
▶**緩衝液の例**：酢酸水溶液に酢酸ナトリウムを加えた溶液，アンモニア水に塩化アンモニウムを加えた溶液。

**2**
**酢酸水溶液**に CH₃COONa を加えた溶液

⇨ $[CH_3COO^-] \fallingdotseq [CH_3COONa]$

**アンモニア水**に NH₄Cl を加えた溶液

⇨ $[NH_4^+] \fallingdotseq [NH_4Cl]$

を電離定数の式に代入する。

例 混合水溶液中の，$CH_3COOH : c$〔mol/L〕，$CH_3COONa : c'$〔mol/L〕とすると，

$$K_a = \frac{[CH_3COO^-][H^+]}{[CH_3COOH]} = \frac{c' \times [H^+]}{c} \longleftarrow \text{最重要93}-\text{2}\ \text{より。}$$

---

**入試問題例** **緩衝液のpH**                                    お茶の水女子大

40 mLの0.10 mol/L酢酸水溶液と60 mLの0.10 mol/L酢酸ナトリウム水溶液を混合して，溶液$A$をつくった。このときの溶液$A$のpHを求めよ。ただし，酢酸の電離定数は$10^{-4.28}$ mol/L，$\log_{10}1.5 = 0.18$とし，答えは小数点以下第2位まで求めよ。

- - - - - - - - - - - - - - - - - - - - - - - - - - - - - - - - - - - - - - - - - - -

**解説** 酢酸の電離定数は，$K_a = \dfrac{[CH_3COO^-][H^+]}{[CH_3COOH]}$

混合水溶液の体積は，$40 + 60 = 100$ mL

よって，$[CH_3COOH]$，$[CH_3COO^-]$各濃度は，

最重要93−2より，$[CH_3COOH] \fallingdotseq 0.10 \times \dfrac{40}{100} = 0.040$ mol/L

最重要95−2より，$[CH_3COO^-] \fallingdotseq 0.10 \times \dfrac{60}{100} = 0.060$ mol/L

$$K_a = \frac{0.060 \times [H^+]}{0.040} = 10^{-4.28}\ \text{mol/L} \qquad \therefore\quad [H^+] = \frac{1}{1.5} \times 10^{-4.28}\ \text{mol/L}$$

$$pH = -\log_{10}\left(\frac{1}{1.5} \times 10^{-4.28}\right) = 4.28 + \log_{10}1.5 = 4.28 + 0.18 = 4.46$$

**答** **4.46**

---

**弱酸＋強塩基**
**弱塩基＋強酸** $\Big\}$ でできた緩衝液のpHは，次の**2つ**。

## 1 酢酸水溶液にNaOH水溶液を滴下した**中和点前の溶液**

⇨ $\boxed{[CH_3COO^-] \fallingdotseq [CH_3COONa]}$ ←$K_a = \dfrac{[CH_3COO^-][H^+]}{[CH_3COOH]}$に代入。

**解説** $CH_3COOH + NaOH \longrightarrow CH_3COONa + H_2O$において，$[CH_3COO^-]$は中和で生成した$CH_3COONa$のモル濃度を，$[CH_3COOH]$は未反応の酢酸のモル濃度を電離定数の式に代入して$[H^+]$を求める。

## 2 アンモニア水に塩酸を滴下した**中和点前の溶液**

⇨ $\boxed{[NH_4^+] \fallingdotseq [NH_4Cl]}$ ←$K_b = \dfrac{[NH_4^+][OH^-]}{[NH_3]}$に代入。

**解説** $NH_3 + HCl \longrightarrow NH_4Cl$において，$[NH_4^+]$は中和で生成した$NH_4Cl$のモル濃度を，$[NH_3]$は未反応の$NH_3$のモル濃度を電離定数の式に代入して$[OH^-]$を求める。

あるカルボン酸 RCOOH を水に溶かすと，次のように電離平衡が生じる。

RCOOH ⇄ RCOO⁻ + H⁺

このカルボン酸の 0.10 mol/L の水溶液の電離度は 0.010 であった。

(1) このカルボン酸の電離定数を求めよ。

(2) このカルボン酸 0.40 mol/L 水溶液 50 mL に，0.20 mol/L の水酸化ナトリウム水溶液 50 mL を加えて緩衝液 100 mL をつくった。この緩衝液の pH を求めよ。

--------

解説　(1) 酢酸と同じように求める。最重要93−**2** より [RCOOH] ≒ 0.10 mol/L,

[RCOO⁻] = [H⁺] = 0.10 × 0.010 = 1.0 × 10⁻³ mol/L

$$K_a = \frac{[\mathrm{RCOO^-}][\mathrm{H^+}]}{[\mathrm{RCOOH}]} = \frac{(1.0 \times 10^{-3})^2}{0.10} = 1.0 \times 10^{-5}\,\mathrm{mol/L}$$

(2) RCOOH : $0.40 \times \dfrac{50}{1000} = 2.0 \times 10^{-2}\,\mathrm{mol}$

NaOH : $0.20 \times \dfrac{50}{1000} = 1.0 \times 10^{-2}\,\mathrm{mol}$

RCOOH と NaOH との反応式は，RCOOH + NaOH ⟶ RCOONa + H₂O

係数比より，RCOONa は $1.0 \times 10^{-2}\,\mathrm{mol}$。

よって，最重要96−**1** より，[RCOO⁻] ≒ $1.0 \times 10^{-2} \times \dfrac{1000}{100} = 0.10\,\mathrm{mol/L}$

未反応の RCOOH は，$2.0 \times 10^{-2} - 1.0 \times 10^{-2} = 1.0 \times 10^{-2}\,\mathrm{mol}$

[RCOOH] = $1.0 \times 10^{-2} \times \dfrac{1000}{100} = 0.10\,\mathrm{mol/L}$

よって，$K_a = \dfrac{0.10 \times [\mathrm{H^+}]}{0.10} = 1.0 \times 10^{-5}\,\mathrm{mol/L}$　　∴　[H⁺] = $1.0 \times 10^{-5}\,\mathrm{mol/L}$

pH = $-\log_{10}(1.0 \times 10^{-5}) = 5$

答　(1) **1.0 × 10⁻⁵ mol/L**

　　(2) **5**

# 27 2段階電離と溶解度積

**最重要 97**

## 2段階電離の計算問題は，
「$K_1 \gg K_2$, $K_1 \times K_2 = K$」より，次の2つで解く。

（全体の電離定数）
（第1段階の電離定数）（第2段階の電離定数）

**1 第1段階のイオンの濃度** ⇨ $\boxed{K_1 \text{の式のみ}}$ で計算する。

**解説** $K_1$に比べて，$K_2$は非常に小さいため，$K_2$を無視して求める。

例 第1段階 $H_2S \rightleftharpoons H^+ + HS^-$  $K_1 = \dfrac{[H^+][HS^-]}{[H_2S]} = 1.0 \times 10^{-7}\,\mathrm{mol/L}$

第2段階 $HS^- \rightleftharpoons H^+ + S^{2-}$  $K_2 = \dfrac{[H^+][S^{2-}]}{[HS^-]} = 1.2 \times 10^{-15}\,\mathrm{mol/L}$

**2 第2段階のイオンの濃度** ⇨ $\boxed{K\,(=K_1 \times K_2)\,\text{の式}}$ で求める。

**解説** 与えられている$K_1$と$K_2$から，$K$を導いて，その式に代入して求める。

例 全体 $H_2S \rightleftharpoons 2H^+ + S^{2-}$  $K = \dfrac{[H^+]^2[S^{2-}]}{[H_2S]} = K_1 \cdot K_2 = 1.2 \times 10^{-22}\,(\mathrm{mol/L})^2$

---

**例題** $H_2S$水溶液のpHと$S^{2-}$の濃度

0.10 mol/Lの硫化水素水について，次の(1)，(2)を求めよ。$H_2S$の第1段階，第2段階の電離定数は，それぞれ，$K_1 = 1.0 \times 10^{-7}\,\mathrm{mol/L}$，$K_2 = 1.0 \times 10^{-15}\,\mathrm{mol/L}$とする。
(1) pH  (2) $[S^{2-}]$

---

**解説** (1) $K_1 \gg K_2$より，$[H^+]$は第1段階の電離式のみで求める（**最重要97−1**）。

$H_2S \rightleftharpoons H^+ + HS^-$  $K_1 = \dfrac{[H^+][HS^-]}{[H_2S]}$において，$[H^+] = [HS^-]$（**最重要94**）

よって，$K_1 = \dfrac{[H^+]^2}{0.10} = 1.0 \times 10^{-7}\,\mathrm{mol/L}$  ∴ $[H^+] = 1.0 \times 10^{-4}\,\mathrm{mol/L}$

$pH = -\log_{10}(1.0 \times 10^{-4}) = 4$ ← 第2段階のイオンの濃度。
⇨ **最重要97−2**

(2) $HS^- \rightleftharpoons H^+ + S^{2-}$  $K_2 = \dfrac{[H^+][S^{2-}]}{[HS^-]}$

第1段階，第2段階の両式より，$H_2S \rightleftharpoons 2H^+ + S^{2-}$

全体$K = \dfrac{[H^+]^2[S^{2-}]}{[H_2S]} = K_1 \cdot K_2 = 1.0 \times 10^{-7} \times 1.0 \times 10^{-15} = 1.0 \times 10^{-22}\,(\mathrm{mol/L})^2$

よって，$K = \dfrac{(1.0 \times 10^{-4})^2 \times [S^{2-}]}{0.10} = 1.0 \times 10^{-22}\,(\mathrm{mol/L})^2$

∴ $[S^{2-}] = 1.0 \times 10^{-15}\,\mathrm{mol/L}$

**答** (1) **4**  (2) **$1.0 \times 10^{-15}\,\mathrm{mol/L}$**

# 溶解度積の計算は，次の**2つ**がポイント。

## 1 難溶性の塩 $A_mB_n \rightleftarrows mA^{n+} + nB^{m-}$

### ⇨ 溶解度積 $K_{sp} = [A^{n+}]^m[B^{m-}]^n$

解説 難溶性の塩の飽和水溶液では，わずかに溶けた塩のイオンと溶けずに残っている塩の間に溶解平衡が成り立ち，化学平衡の法則が適用できる。

例 $AgCl(固) \rightleftarrows Ag^+ + Cl^-$ において，[$AgCl$(固)]が一定より，

$[Ag^+][Cl^-] = K_{sp}$ (一定)　　　　$K_{sp}$：溶解度積

## 2 陽イオンと陰イオンの $\begin{cases} 濃度の積 > K_{sp} ⇨ 沈殿する。 \\ 濃度の積 \leqq K_{sp} ⇨ 沈殿しない。 \end{cases}$

解説 陽イオンと陰イオンを混合したあと，その濃度の積は溶解度積より大きくなることはない。　沈殿する分，小さくなる。

---

**例題** 溶解度積

水 $100\,g$ に炭酸カルシウムが $0.020\,g$ 溶ける。この水溶液の体積を $100\,mL$ として，次の(1)~(3)に答えよ。原子量：$C = 12$，$O = 16$，$Na = 23$，$Ca = 40$

(1) 炭酸カルシウムの溶解度積を求めよ。

(2) $2.0 \times 10^{-3}\,mol/L$ の石灰水に $2.0 \times 10^{-3}\,mol/L$ の炭酸ナトリウム水溶液を等体積加えると，沈殿を生じるか。

(3) $1.0 \times 10^{-3}\,mol/L$ の石灰水 $1\,L$ に炭酸ナトリウム（無水物）の固体を何 g 以上加えると沈殿を生じるか。ただし，水溶液の体積は $1\,L$ のままとする。

**解説** (1) 式量が $CaCO_3 = 100$ なので，$CaCO_3$ $0.020\,g$ の物質量は，

$$\frac{0.020}{100} = 2.0 \times 10^{-4}\,mol$$

$CaCO_3$ の飽和溶液中での反応式は，$CaCO_3 \rightleftharpoons Ca^{2+} + CO_3^{2-}$

$$[Ca^{2+}] = [CO_3^{2-}] = 2.0 \times 10^{-4} \times \frac{1000}{100} = 2.0 \times 10^{-3}\,mol/L$$

溶解度積 $K_{sp} = [Ca^{2+}][CO_3^{2-}] = 2.0 \times 10^{-3} \times 2.0 \times 10^{-3} = 4.0 \times 10^{-6}\,(mol/L)^2$

(2) 等体積の溶液を混合するから，濃度は $\frac{1}{2}$ となる。よって，

$$[Ca^{2+}][CO_3^{2-}] = 2.0 \times 10^{-3} \times \frac{1}{2} \times 2.0 \times 10^{-3} \times \frac{1}{2} = 1.0 \times 10^{-6}\,(mol/L)^2$$

溶解度積 $K_{sp}$ より小さいから，沈殿を生じない(最重要98−**2**)。

(3) 沈殿を生じる最小の $CO_3^{2-}$ の濃度を $x\,[mol/L]$ とすると，

$$K_{sp} = 1.0 \times 10^{-3} \times x = 4.0 \times 10^{-6} \quad \therefore \quad x = 4.0 \times 10^{-3}\,mol/L$$

よって，要する $Na_2CO_3$ の質量は，式量が $Na_2CO_3 = 106$ なので，

$$106 \times 4.0 \times 10^{-3} = 0.424\,g \fallingdotseq 0.42\,g$$

**答** (1) **$4.0 \times 10^{-6}\,(mol/L)^2$** (2) **沈殿を生じない。** (3) **$0.42\,g$**

---

**入試問題例** **2段階電離と溶解度積** 明治薬大㋑

次の文を読み，下記の問いに答えよ。$\log_{10}2 = 0.30$，$\log_{10}3 = 0.48$

硫化水素は，水に溶けて①，②式のように2段階の電離が起こる。$K_1$，$K_2$ は硫化水素の第1および第2電離定数である。

$H_2S \rightleftharpoons H^+ + HS^-$    $K_1 = 9.0 \times 10^{-8}\,mol/L$ ……………………① 

$HS^- \rightleftharpoons H^+ + S^{2-}$    $K_2 = 9.0 \times 10^{-15}\,mol/L$ ……………………② 

2価の金属イオンの硫化物を MS とすると，MS の飽和水溶液では③式の電離平衡が成り立っている。

$MS\,(固) \rightleftharpoons M^{2+} + S^{2-}$ ……………………………………③

金属イオンのモル濃度 $[M^{2+}]$ と硫化物イオンのモル濃度 $[S^{2-}]$ の積は，温度一定のとき一定で，溶解度積 $K_{sp}$ という。

$K_{sp} = [M^{2+}][S^{2-}]$ ……………………………………④

(1) 25℃で硫化水素を飽和させると $0.10\,mol/L$ になる。この水溶液のpHを小数点以下2位まで求めよ。

(2) $Cd^{2+}$，$Cu^{2+}$，$Zn^{2+}$ が $0.10\,mol/L$ ずつ含まれる混合水溶液がある。いま，硫化水素を通じ，硫化物イオンの濃度を $1.0 \times 10^{-18}\,mol/L$ としたとき，硫化物の沈殿が生じない金属イオンはどれか。ただし，各金属イオンの硫化物の溶解度積 $K_{sp}$ は，$CdS = 2.1 \times 10^{-20}\,(mol/L)^2$，$CuS = 6.5 \times 10^{-30}\,(mol/L)^2$，$ZnS = 2.2 \times 10^{-18}\,(mol/L)^2$ である。

解説 (1) 最重要97－**1**より，$K_1 \gg K_2$に着目して，第1電離のみで求める。

$H_2S \rightleftarrows H^+ + HS^-$ において，$[H^+] = [HS^-]$（最重要94）より，

$$K_1 = \frac{[H^+][HS^-]}{[H_2S]} = \frac{[H^+]^2}{0.10} = 9.0 \times 10^{-8} \qquad \therefore \quad [H^+] = 3.0 \times 10^{-\frac{9}{2}} \text{ mol/L}$$

よって，$pH = -\log_{10}(3 \times 10^{-\frac{9}{2}}) = \frac{9}{2} - \log_{10}3 = 4.5 - 0.48 = 4.02$

(2) 各イオン濃度の積と，各金属イオンの硫化物の溶解度積$K_{sp}$を比較すると，

$$[Cd^{2+}][S^{2-}] = 0.10 \times 1.0 \times 10^{-18} = 1.0 \times 10^{-19} > 2.1 \times 10^{-20} \text{ (mol/L)}^2$$

$$[Cu^{2+}][S^{2-}] = 0.10 \times 1.0 \times 10^{-18} = 1.0 \times 10^{-19} > 6.5 \times 10^{-30} \text{ (mol/L)}^2$$

$$[Zn^{2+}][S^{2-}] = 0.10 \times 1.0 \times 10^{-18} = 1.0 \times 10^{-19} < 2.2 \times 10^{-18} \text{ (mol/L)}^2$$

最重要98－**2**より，各イオン濃度の積 $\leq K_{sp}$ となる$Zn^{2+}$が沈殿を生じない。

**答** (1) **4.02** (2) **$Zn^{2+}$**

---

# 塩の加水分解における$pH$は，次の順で求める。

## **1** 加水分解定数$K_h$を導く。

例 酢酸ナトリウム水溶液では，$CH_3COONa$が$CH_3COO^-$と$Na^+$に完全に電離し，$CH_3COO^-$の一部が$H_2O$と反応して次の加水分解の平衡が成り立つ。

$$CH_3COO^- + H_2O \rightleftarrows CH_3COOH + OH^- \quad \cdots A$$

← 酢酸ナトリウム以外はほとんど出題されない。

この平衡定数を$K$とすると $K = \dfrac{[CH_3COOH][OH^-]}{[CH_3COO^-][H_2O]}$

$[H_2O]$はほぼ一定なので，定数とみなせる。

よって，$K_h = K[H_2O] = \dfrac{[CH_3COOH][OH^-]}{[CH_3COO^-]}$

補足 一方，$\underline{\underline{K_a = \dfrac{[CH_3COO^-][H^+]}{[CH_3COOH]}}}$ $\underline{\underline{K_w = [H^+][OH^-]}}$なので，

└ 酢酸の電離定数　　　　　└ 水のイオン積

$$K_h = \frac{[CH_3COOH]}{[CH_3COO^-][H^+]} \times [H^+][OH^-] \quad \text{よって，} \quad \boxed{K_h = \frac{K_w}{K_a}}$$

## 2 加水分解定数 $K_h$ の式に代入する。

例 $K_h = \dfrac{[CH_3COOH][OH^-]}{[CH_3COO^-]}$ において，**A**式の係数比より $[CH_3COOH] = [OH^-]$

さらに，$[CH_3COO^-]$ には $CH_3COONa$ のモル濃度を代入して $[OH^-]$ を求める。
そして，水のイオン積より $[H^+]$ を求めて pH を導く。────最重要95−**2**

---

**入試問題例** | **弱酸と強塩基からなる正塩の水溶液の pH** | 上智大改

0.040 mol/L の $CH_3COOH$ 水溶液 20 mL を 0.010 mol/L の NaOH 水溶液で完全に中和した溶液 **A** がある。溶液 **A** の pH はどれだけか。ただし，$CH_3COOH$ の電離定数 $K_a$ は $2.0 \times 10^{-5}$ mol/L，水のイオン積 $K_w$ は $1.0 \times 10^{-14}$ $(mol/L)^2$，$\log_{10}2 = 0.3$ とする。

- - - - - - - - - - - - - - - - - - - - - - - - - - - - - - - - - - - - - - - - - - - - -

**解説** 中和に要した NaOH 水溶液を $x$〔mL〕とすると，

$$0.040 \times 20 = 0.010 \times x \quad \therefore \quad x = 80 \, mL$$

生じた $CH_3COONa$ 水溶液の濃度は，$0.040 \times \dfrac{20}{1000} \times \dfrac{1000}{20+80} = 8.0 \times 10^{-3}$ mol/L

$CH_3COONa$ は完全に電離し，$CH_3COO^-$ は次のように加水分解する（最重要99−**1**）。

$CH_3COO^- + H_2O \rightleftharpoons CH_3COOH + OH^-$　この電離定数を $K_h$ とすると，

最重要99−**1** の補足より，$K_h = \dfrac{K_w}{K_a} = \dfrac{1.0 \times 10^{-14}}{2.0 \times 10^{-5}} = 5.0 \times 10^{-10}$ mol/L

最重要99−**2** より，$K_h = \dfrac{[CH_3COOH][OH^-]}{[CH_3COO^-]} = \dfrac{[OH^-]^2}{8.0 \times 10^{-3}} = 5.0 \times 10^{-10}$ mol/L

$\therefore \quad [OH^-] = 2.0 \times 10^{-6}$ mol/L　よって，$[H^+] = \dfrac{1.0 \times 10^{-14}}{2.0 \times 10^{-6}} = \dfrac{1}{2} \times 10^{-8}$ mol/L

$$pH = -\log_{10}\left(\dfrac{1}{2} \times 10^{-8}\right) = 8 + \log_{10}2 = 8.3$$

**答** **8.3**

# 索引

## あ 行

| | |
|---|---|
| 圧平衡定数 | 130 |
| アボガドロ定数 | 33 |
| アルカリマンガン乾電池 | 71 |
| アレニウスの定義 | 45 |
| イオン化エネルギー | 13 |
| イオン化傾向 | 68 |
| イオン化列 | 67 |
| イオン結合 | 18 |
| イオン結晶 | 25,29 |
| イオン反応式 | 64 |
| 陰極 | 73 |
| 陰性 | 15 |
| 液体 | 86 |
| 塩 | 48 |
| 塩基 | 45 |
| 塩基性 | 53 |
| 塩基性塩 | 57 |
| 塩基の価数 | 48 |
| 塩析 | 116 |
| エンタルピー | 78 |
| 塩の加水分解 | 140 |
| 塩の水溶液の性質 | 57 |
| 王水 | 68 |

## か 行

| | |
|---|---|
| 会合コロイド | 117 |
| 化学反応式 | 37 |
| 化学平衡 | 124 |
| 化学平衡の法則 | 128 |
| 可逆反応 | 124 |
| 過酸化水素 | 64 |
| 加水分解 | 57 |
| 加水分解定数 | 140 |
| 価数 | 10 |
| 活性化エネルギー | 120 |
| 価電子 | 8 |
| 過冷却 | 110 |
| 還元 | 60 |

| | |
|---|---|
| 還元剤 | 63 |
| 緩衝液 | 134 |
| 緩衝作用 | 134 |
| 気液平衡 | 88,124 |
| 貴ガス | 8 |
| 気体 | 86 |
| 気体定数 | 93 |
| 気体の状態方程式 | 93 |
| 気体の溶解度 | 106 |
| 吸熱反応 | 78 |
| 強塩基 | 47 |
| 凝華 | 87 |
| 凝固 | 87 |
| 凝固点降下 | 110 |
| 凝固点降下度 | 110,112 |
| 強酸 | 47 |
| 凝縮 | 87 |
| 凝析 | 116 |
| 共通イオン効果 | 126 |
| 共有結合 | 18 |
| 共有結合の結晶 | 26 |
| 共有電子対 | 19 |
| 極性 | 22 |
| 極性分子 | 22 |
| 金属結合 | 18 |
| 金属結晶 | 25,27 |
| 金属元素 | 15 |
| グラファイト | 26 |
| 結合エネルギー | 85 |
| 結合の強さ | 24 |
| 結晶 | 86 |
| ゲル | 115 |
| 原子価 | 19 |
| 原子番号 | 4 |
| 原子量 | 31 |
| 構造式 | 19 |
| 黒鉛 | 26 |
| 固体 | 86 |
| 固体の溶解度 | 100 |
| コニカルビーカー | 50 |

| | |
|---|---|
| コロイド | 115 |
| コロイド溶液 | 115 |
| コロイド粒子 | 115 |
| 混合気体 | 95 |

## さ 行

| | |
|---|---|
| 最大電子数 | 7 |
| 錯イオン | 21 |
| 酸 | 45 |
| 酸化 | 60 |
| 酸化・還元の判別 | 61 |
| 酸化還元反応 | 61 |
| 酸化剤 | 63 |
| 酸化数 | 60 |
| 三重点 | 90 |
| 酸性 | 53 |
| 酸性塩 | 57 |
| 酸の価数 | 48 |
| 式量 | 33 |
| 指示薬 | 55 |
| 実在気体 | 94 |
| 質量作用の法則 | 128 |
| 質量数 | 4 |
| 質量パーセント濃度 | 41,100 |
| 質量モル濃度 | 41,109,110 |
| 弱塩基 | 47 |
| 弱酸 | 47 |
| シャルルの法則 | 91 |
| 周期 | 12 |
| 周期表 | 12 |
| 周期律 | 12 |
| 自由電子 | 18 |
| 充填率 | 27 |
| 純銅 | 74 |
| 昇華 | 87 |
| 蒸気圧 | 88 |
| 蒸気圧曲線 | 88 |
| 蒸気圧降下 | 109 |
| 状態図 | 90 |
| 蒸発 | 87 |

| | |
|---|---|
| 蒸発熱 | 87 |
| 触媒 | 120,124 |
| 親水コロイド | 116 |
| 浸透圧 | 113,114 |
| 浸透の方向 | 113 |
| 真の溶液 | 115 |
| 水素結合 | 23 |
| 正塩 | 57 |
| 正極 | 70 |
| 正コロイド | 118 |
| 正触媒 | 120 |
| 生成エンタルピー | 80 |
| 静電気的引力 | 18 |
| セ氏温度 | 91 |
| 絶対温度 | 91 |
| セルシウス温度 | 91 |
| 全圧 | 95 |
| 遷移元素 | 14 |
| 遷移状態 | 120 |
| 相対質量 | 31 |
| 族 | 12 |
| 疎水コロイド | 116 |
| 粗銅 | 74 |
| ゾル | 115 |

### た 行

| | |
|---|---|
| 大気圧 | 88 |
| 体心立方格子 | 27 |
| ダイヤモンド | 26 |
| 多原子イオン | 10,60 |
| ダニエル電池 | 71 |
| 単原子イオン | 10,60 |
| 中性 | 53 |
| 中性子 | 4 |
| 中和滴定曲線 | 55 |
| 中和エンタルピー | 80 |
| 中和反応 | 48 |
| チンダル現象 | 116 |
| 電荷 | 60 |
| 電気陰性度 | 22 |
| 電気泳動 | 116 |
| 電気分解 | 73 |
| 電気量 | 75 |

| | |
|---|---|
| 典型元素 | 14 |
| 電子 | 4 |
| 電子殻 | 7 |
| 電子式 | 19 |
| 電子親和力 | 13 |
| 電子配置 | 7 |
| 電池 | 70 |
| 電離定数 | 132 |
| 電離度 | 47 |
| 電離平衡 | 126,132 |
| 同位体 | 5 |
| 透析 | 116 |
| 銅の電解精錬 | 74 |
| トタン | 70 |
| 共洗い | 50 |
| ドルトンの分圧の法則 | 95 |

### な 行

| | |
|---|---|
| 鉛蓄電池 | 72 |
| 二酸化硫黄 | 64 |
| 2 段階中和 | 58 |
| 2 段階電離 | 137 |
| 熱運動 | 86 |
| 熱量 | 82 |
| 燃焼エンタルピー | 80 |
| 燃料電池 | 71 |
| 濃度の換算 | 43 |
| 濃度平衡定数 | 128,130 |

### は 行

| | |
|---|---|
| 配位結合 | 21 |
| 配位数 | 27 |
| 発熱反応 | 78 |
| 半透膜 | 113 |
| 反応速度 | 120 |
| 反応速度式 | 122 |
| 反応エンタルピー | 78,80 |
| pH | 53 |
| 非共有電子対 | 19 |
| 非金属元素 | 15 |
| 比熱 | 82 |
| ビュレット | 50 |
| 氷晶石 | 75 |

| | |
|---|---|
| ファラデー定数 | 75 |
| ファラデーの電気分解の法則 | 75 |
| ファンデルワールス力 | 23 |
| ファントホッフの法則 | 114 |
| フェノールフタレイン | 55 |
| 負極 | 70 |
| 負コロイド | 118 |
| 不対電子 | 19 |
| 物質の三態 | 86 |
| 物質量 | 33 |
| 沸点 | 23,88 |
| 沸点上昇 | 109 |
| 沸点上昇度 | 109,112 |
| 沸騰 | 88 |
| 不動態 | 68 |
| 不飽和水溶液 | 101 |
| ブラウン運動 | 116 |
| ブリキ | 70 |
| ブレンステッド・ローリーの定義 | 45 |
| 分圧 | 95 |
| 分散質 | 115 |
| 分散媒 | 115 |
| 分子間力 | 23 |
| 分子結晶 | 25 |
| 分子コロイド | 117 |
| 分子量 | 33 |
| 平衡定数 | 128 |
| 平衡の移動方向 | 124 |
| ヘスの法則 | 83 |
| 変色域 | 55 |
| ヘンリーの法則 | 106 |
| ボイル・シャルルの法則 | 91 |
| ボイルの法則 | 91 |
| 飽和蒸気圧 | 88 |
| 飽和水溶液 | 101 |
| ホールピペット | 50 |
| 保護コロイド | 116 |

### ま 行

| | |
|---|---|
| マンガン乾電池 | 71 |
| 水のイオン積 | 53 |

| | | | | | | | |
|---|---|---|---|---|---|---|---|
| ミセルコロイド | 117 | | | | 陽子 | 4 |
| 無極性分子 | 22 | **や行** | | | 陽性 | 15 |
| メスフラスコ | 50 | 融解 | 87 | | 溶融塩電解 | 75 |
| メチルオレンジ | 55 | 融解熱 | 87 | | | |
| 面心立方格子 | 27 | 溶解度曲線 | 101 | | **ら行** | |
| モル凝固点降下 | 112 | 溶解度積 | 138 | | 理想気体 | 94 |
| モル質量 | 33 | 溶解エンタルピー | 80 | | 両性金属 | 68 |
| モル体積 | 35 | 溶解平衡 | 101,124 | | ルシャトリエの原理 | 124 |
| モル濃度 | 41 | 陽極 | 73 | | 六方最密構造 | 27 |
| モル沸点上昇 | 112 | 陽極泥 | 74 | | | |

□ 編集協力　向井勇揮

□ 本文デザイン　二ノ宮 匡（ニクスインク）

□ 図版作成　㈲デザインスタジオエキス，藤立育弘

**シグマベスト**
**大学入試**
**理論化学の最重要知識**
**スピードチェック**

本書の内容を無断で複写（コピー）・複製・転載することを禁じます。また，私的使用であっても，第三者に依頼して電子的に複製すること（スキャンやデジタル化等）は，著作権法上，認められていません。

| | |
|---|---|
| 著　者 | 目良誠二 |
| 発行者 | 益井英郎 |
| 印刷所 | 中村印刷株式会社 |
| 発行所 | 株式会社文英堂 |

〒601-8121　京都市南区上鳥羽大物町28
〒162-0832　東京都新宿区岩戸町17
（代表）03-3269-4231

© 目良誠二　2024　　　Printed in Japan　　　●落丁・乱丁はおとりかえします。

# 計算に用いるおもな公式と事項

(□ の後ろの数字は最重要ポイントの番号を示す)

---

□20 **同位体と原子量**　　元素Xの同位体の相対質量を $m_1$, $m_2$, …, それぞれの存在比を $a_1$〔%〕, $a_2$〔%〕, …とすると,

$$\text{Xの原子量} = m_1 \times \frac{a_1}{100} + m_2 \times \frac{a_2}{100} + \cdots$$

□23 **物質量**

▶ $\left\{\begin{array}{l}\text{原　子}\\\text{分　子}\\\text{イオン}\end{array}\right\}n\,\text{〔mol〕} \Rightarrow \left\{\begin{array}{l}\text{原 子 数}\\\text{分 子 数}\\\text{イオン数}\end{array}\right\}6.02\times10^{23}n\,\text{〔個〕}$

▶アボガドロ定数：$N_A = 6.02 \times 10^{23}/\text{mol}$

▶物質量 $n$, 質量 $w$, 粒子数 $a$ の関係

$$n = \frac{w}{M} = \frac{a}{N_A} \qquad w = nM \qquad a = nN_A$$

（$M$：原子量, 分子量, 式量）

注 モル質量 $= M$〔g/mol〕

□24 **気体の物質量**

▶気体 $n$〔mol〕 $\left\{\begin{array}{l}\text{分子の数：} 6.02\times10^{23}n\,\text{〔個〕}\\\text{質　　量：(分子量)}\times n\,\text{〔g〕}\\\text{体　　積：} 22.4n\,\text{〔L〕(標準状態)}\end{array}\right.$

▶気体の体積(標準状態) $v$〔L〕の物質量

$$n = \frac{v}{22.4}\,\text{〔mol〕}$$

注 標準状態における, 1molを占める体積(モル体積)は, 22.4 L/mol

□25 **化学反応式と量的関係**　　物質A, B, Cの分子量(式量)を $M_A$, $M_B$, $M_C$ とすると,

化学反応式：　　　　$a$A ＋ $b$B ⟶ $c$C

モル(物質量)比：　　$a$ ： $b$ ： $c$

気体の体積比：　　　$a$ ： $b$ ： $c$ （同温・同圧）

質量関係〔g〕；　　　$aM_A$ ： $bM_B$ ： $cM_C$

気体の体積関係〔L〕：$22.4a$ ： $22.4b$ ： $22.4c$ （標準状態）

## 29 濃度の換算

▶**質量パーセント濃度からモル濃度**

$a$〔%〕で密度$d$〔g/cm³〕の**溶液のモル濃度**$c$〔**mol/L**〕は，溶質の分子量（式量）を$M$とすると，

$$c = d \times 1000 \times \frac{a}{100} \times \frac{1}{M} \text{〔mol/L〕}$$

▶**モル濃度から質量パーセント濃度**

$c$〔mol/L〕で密度$d$〔g/cm³〕の**溶液の質量パーセント濃度**$a$〔**%**〕は，溶質の分子量（式量）を$M$とすると，

$$a = \frac{cM}{1000d} \times 100 \text{〔%〕}$$

## 33 中和定量

① 完全に中和したとき，

　〔**酸の$H^+$の物質量**〕＝〔**塩基の$OH^-$の物質量**〕

② $c$〔mol/L〕の$n$価の酸水溶液$V$〔L〕，$c'$〔mol/L〕の$n'$価の塩基水溶液$V'$〔L〕のとき，

　　酸：$cV$〔mol〕⇨ $H^+$**の物質量**＝$cVn$〔**mol**〕

　　塩基：$c'V'$〔mol〕

　　　　⇨ $OH^-$**の物質量**＝$c'V'n'$〔**mol**〕

③ ②の酸と塩基の水溶液が中和したとき，

$$cVn = c'V'n'$$

## 35 [H⁺], [OH⁻] と pH

▶**1価の酸の水溶液**

　　$[H^+]$＝（モル濃度）×（電離度）

▶**1価の塩基の水溶液**

　　$[OH^-]$＝（モル濃度）×（電離度）

▶**水のイオン積**

　　$[H^+][OH^-] = 1.0 \times 10^{-14}$ (mol/L)²

▶$[H^+] = 10^{-a}$〔mol/L〕のとき，**pH**$= a$

　　$\text{pH} = -\log_{10}[H^+]$

## 38 Na₂CO₃の2段階中和

$Na_2CO_3 + HCl \longrightarrow NaHCO_3 + NaCl$ ……①

$NaHCO_3 + HCl \longrightarrow NaCl + H_2O + CO_2$ ……②

において，

　　〔$Na_2CO_3$の物質量〕＝〔①の反応の$HCl$の物質量〕

　　　　　　　　　　　　＝〔②の反応の$HCl$の物質量〕

| 44 | 酸化還元反応の量的関係 | ▶ 〔酸化剤の受け取る$e^-$の物質量〕 |
|---|---|---|

▶ 〔酸化剤の受け取る$e^-$の物質量〕
  ＝〔還元剤の放出する$e^-$の物質量〕

▶ **酸化剤**　$KMnO_4 \Rightarrow 5e^-$　　　$K_2Cr_2O_7 \Rightarrow 6e^-$

▶ 還元剤 **A**：$\begin{cases}(COOH)_2, & H_2O_2 \\ SO_2, & H_2S, & SnCl_2\end{cases} \Rightarrow 2e^-$

　　　　　**B**：$FeSO_4 \Rightarrow e^-$

▶ 上記の酸化剤と還元剤の反応の物質量比は,

　$KMnO_4$ ： **A** $= 2\,mol : 5\,mol$

　$KMnO_4$ ： **B** $= 1\,mol : 5\,mol$

　$K_2Cr_2O_7$： **A** $= 1\,mol : 3\,mol$

　$K_2Cr_2O_7$： **B** $= 1\,mol : 6\,mol$

---

**53　電気分解による変化量（ファラデーの電気分解の法則）**

▶ **電子$1\,mol$の電気量＝$9.65\times10^4\,C$**

　ファラデー定数：$9.65\times10^4\,C/mol$

▶ **電流〔A〕×時間〔s〕＝電気量〔C〕**

▶ 電気分解において：

　**電子$1\,mol$**が流れると$\begin{Bmatrix}イオン \\ 物　質\end{Bmatrix}$が$\dfrac{1}{価数}\,mol$変化。

　電子$1\,mol$が流れると,

　$Ag^+$　　$1\,mol \longrightarrow Ag$　$1\,mol$析出。

　$Cu^{2+}$　$\dfrac{1}{2}\,mol \longrightarrow Cu$　$\dfrac{1}{2}\,mol$析出。

　$H^+$　　$1\,mol \longrightarrow H_2$　$\dfrac{1}{2}\,mol$発生。

　$Cl^-$　　$1\,mol \longrightarrow Cl_2$　$\dfrac{1}{2}\,mol$発生。

　$O^{2-}$　$\dfrac{1}{2}\,mol \longrightarrow O_2$　$\dfrac{1}{4}\,mol$発生。

---

**54　熱の出入りを示す化学反応式**

化学式の**mol単位の熱量**を示す。

$A + B \longrightarrow C$　$\Delta H = Q$〔kJ〕, Aのモル質量$M$〔g/mol〕において, Aが$w$〔g〕のときの反応エンタルピー$q$〔kJ〕は,

$$q = Q \times \frac{w}{M}\ \text{〔kJ〕}$$

---

**56　熱量と温度の関係**

溶液の比熱を$c$〔J/(g・K)〕, 溶液の質量を$m$〔g〕, 温度変化を$\Delta t$〔K〕とすると, 加えた熱量$Q$〔J〕は,

$$Q = c \cdot m \cdot \Delta t$$

| | | |
|---|---|---|
| ☐ 57 | ヘスの法則 | ▶反応に伴い出入りする総熱量は，**途中の経過に関係なく，はじめと終わりの物質の種類と状態で決まる。**<br>▶いくつかの反応エンタルピーから未知の反応エンタルピーを導く場合 ⇨ 求める反応式の**化学式の係数**に，既知の反応式の化学式の係数を**合わせる。** |
| ☐ 58 | 反応エンタルピーと結合エネルギー | 反応エンタルピー＝〔反応物の結合エネルギーの総和〕<br>　　　　　　　　　 －〔生成物の結合エネルギーの総和〕 |
| ☐ 63 | ボイル・シャルルの法則 | $\dfrac{P_1 V_1}{T_1} = \dfrac{P_2 V_2}{T_2}$ $\left(\begin{array}{l} P_1, P_2：圧力 \quad V_1, V_2：体積 \\ T_1, T_2：絶対温度 \end{array}\right)$ |
| ☐ 64 | 気体の状態方程式 | $PV = nRT \qquad PV = \dfrac{w}{M}RT$<br>$P \to \mathrm{Pa}, \quad V \to \mathrm{L}, \quad T \to \mathrm{K}$<br>　　　 $\Rightarrow R = 8.31 \times 10^3\,\mathrm{Pa \cdot L/(K \cdot mol)}$<br>$P \to \mathrm{kPa}, \quad V \to \mathrm{L}, \quad T \to \mathrm{K}$<br>　　　 $\Rightarrow R = 8.31\,\mathrm{kPa \cdot L/(K \cdot mol)}$ |
| ☐ 66 | 全圧と分圧（ドルトンの分圧の法則） | 混合気体の全圧を$P$，成分気体A，B，C，…の分圧を$p_A$，$p_B$，$p_C$，…，各気体の物質量〔mol〕を$n_A$，$n_B$，$n_C$，…，各気体の同温・同圧における体積を$v_A$，$v_B$，$v_C$，…とすると，<br>　　　**全圧＝分圧の和** $\Rightarrow P = p_A + p_B + p_C + \cdots$<br>　　　**分圧比＝物質量比＝体積比**(同温・同圧)<br>　　　 $\Rightarrow p_A : p_B : p_C : \cdots = n_A : n_B : n_C : \cdots$<br>　　　　　　　　　　　 $= v_A : v_B : v_C : \cdots$ |
| ☐ 67 | 蒸気を含む混合気体の全圧 | 容器内の気体の全圧＝気体の分圧＋蒸気圧 |
| ☐ 71 | 飽和水溶液の冷却による析出量（水和水を含まない） | ▶$t_1$〔℃〕の飽和水溶液$W$〔g〕を$t_2$〔℃〕まで冷却したとき析出する結晶$x$〔g〕は，溶解度を$t_1$〔℃〕で$S_1$〔g/100g〕，$t_2$〔℃〕で$S_2$〔g/100g〕とすると，<br>　　　$(100 + S_1) : (S_1 - S_2) = W : x$<br>▶$t_2$〔℃〕の飽和水溶液$W$〔g〕を$t_1$〔℃〕まで加熱したとき，さらに溶ける結晶$x$〔g〕は，<br>　　　$(100 + S_2) : (S_1 - S_2) = W : x$ |

**72 水の蒸発による 析出量(水和水 を含まない)**

$t$〔℃〕の飽和水溶液の水 $W$〔g〕蒸発させたとき析出する結晶 $x$〔g〕は,溶解度を $t$〔℃〕で $S$〔g/水100g〕とすると,

$$100 : S = W : x$$

**73 水和水を含む結 晶の溶解量・析 出量**

無水塩の水 100g に対する溶解度を,$t_1$〔℃〕で $S_1$〔g〕,$t_2$〔℃〕で $S_2$〔g〕とすると,$(t_1 > t_2)$

① 飽和水溶液をつくる場合:$t_1$〔℃〕の水 $W$〔g〕に溶ける 結晶(水和水を含む)$X$〔g〕は,

$(W+X) : (X$〔g〕中の無水物の質量$)$

　$= (100+S_1) : S_1$

② 冷却によって析出させる場合:$t_1$〔℃〕の飽和水溶液 $W$〔g〕を $t_2$〔℃〕に冷却したとき析出する結晶(水和水を 含む)$X$〔g〕は,

$(W-X) : ($冷却時の溶液中の無水物の質量$)$

　$= (100+S_2) : S_2$

**75 ヘンリーの法則**

一定量の液体に溶ける(温度一定):

① 気体の質量・物質量 ⇨ 圧力に比例する。

② 気体の体積は $\begin{cases} \text{同圧に換算} ⇨ \text{圧力に比例する。} \\ \text{その圧力} ⇨ \text{圧力に関係なく一定。} \end{cases}$

**78 沸点上昇・凝固 点降下**

▶質量モル濃度〔**mol/kg**〕:溶媒 1kg に溶けている溶質の 物質量。溶媒 $W$〔g〕に溶質(分子量 $M$)$w$〔g〕のとき,

$$質量モル濃度\ m = \frac{w}{M} \times \frac{1000}{W}$$

▶沸点上昇度,凝固点降下度

$\Delta t = km$ $\begin{cases} \Delta t:沸点上昇度,凝固点降下度 \\ k:モル沸点上昇,モル凝固点降下 \\ \quad ⇨ 溶媒1kgに溶質1molが溶 \\ \qquad けている溶液の沸点上昇度, \\ \qquad 凝固点降下度 \\ m:質量モル濃度 \end{cases}$

☐ **80 浸透圧**

$$\Pi V = nRT \qquad \Pi V = \frac{w}{M}RT$$

$\Pi \rightarrow \mathrm{Pa}, \quad V \rightarrow \mathrm{L}, \quad T \rightarrow \mathrm{K}$

$\Rightarrow R = 8.31 \times 10^3\,\mathrm{Pa \cdot L/(K \cdot mol)}$

☐ **86 反応速度と濃度**

$$v = k\,[\mathrm{A}]^x[\mathrm{B}]^y \qquad \left( \begin{array}{l} v：反応速度 \quad k：速度定数 \\ [\mathrm{A}],\ [\mathrm{B}]：モル濃度 \\ x,\ y：反応の次数 \end{array} \right)$$

$$v = \frac{反応物の濃度変化}{反応時間} \quad または \quad v = \frac{生成物の濃度変化}{反応時間}$$

☐ **91 平衡定数**

次の可逆反応が平衡状態にあるとき，

$$a\mathrm{A} + b\mathrm{B} + \cdots \rightleftarrows x\mathrm{X} + y\mathrm{Y} + \cdots$$

$$\frac{[\mathrm{X}]^x\,[\mathrm{Y}]^y\cdots}{[\mathrm{A}]^a\,[\mathrm{B}]^b\cdots} = K \qquad \left( \begin{array}{l} K：平衡定数 \\ \quad 温度一定のとき一定 \end{array} \right)$$

☐ **92 圧平衡定数**

▶上の可逆反応で，各物質が気体のとき，これらの各気体の分圧を $p_\mathrm{A}$, $p_\mathrm{B}$, $\cdots$, $p_\mathrm{X}$, $p_\mathrm{Y}$, $\cdots$ とすると，

$$\frac{p_\mathrm{X}{}^x \cdot p_\mathrm{Y}{}^y \cdots}{p_\mathrm{A}{}^a \cdot p_\mathrm{B}{}^b \cdots} = K_\mathrm{p} \qquad \left( \begin{array}{l} K_\mathrm{p}：圧平衡定数 \\ \quad 温度一定のとき一定 \end{array} \right)$$

▶$K$ と $K_\mathrm{p}$ の関係

$a + b + \cdots = x + y + \cdots \Rightarrow K_\mathrm{p} = K$

$a + b + \cdots \neq x + y + \cdots \Rightarrow K_\mathrm{p} = K\,(RT)^{\,x+y+\cdots-(a+b+\cdots)}$

☐ **93・94 電離定数**

▶弱酸HXの電離平衡 $\mathrm{HX} \rightleftarrows \mathrm{H}^+ + \mathrm{X}^-$ において，電離定数 $K_\mathrm{a}$，モル濃度 $c\,[\mathrm{mol/L}]$，電離度 $\alpha$ とすると，$\alpha \ll 1$ のとき，$1 - \alpha \fallingdotseq 1$ より，

① $K_\mathrm{a} = \dfrac{[\mathrm{H}^+][\mathrm{X}^-]}{[\mathrm{HX}]} = \dfrac{c\alpha \times c\alpha}{c(1-\alpha)} \fallingdotseq c\alpha^2$

② $[\mathrm{HX}] \fallingdotseq c\,[\mathrm{mol/L}]$，$[\mathrm{H}^+] = [\mathrm{X}^-]$

よって，$K_\mathrm{a} = \dfrac{[\mathrm{H}^+]^2}{c}$

▶アンモニアの電離平衡

$\mathrm{NH_3} + \mathrm{H_2O} \rightleftarrows \mathrm{NH_4}^+ + \mathrm{OH}^-$ において，

① $K_\mathrm{b} = \dfrac{[\mathrm{NH_4}^+][\mathrm{OH}^-]}{[\mathrm{NH_3}]} \fallingdotseq c\alpha^2$

② $[\mathrm{NH_3}] \fallingdotseq c\,[\mathrm{mol/L}]$，$[\mathrm{NH_4}^+] = [\mathrm{OH}^-]$

よって，$K_\mathrm{b} = \dfrac{[\mathrm{OH}^-]^2}{c}$

☐ 95 緩衝液のpH

▶ $c$〔mol/L〕のHX（弱酸）水溶液 $v$〔mL〕に $c'$〔mol/L〕の NaX（弱酸のナトリウム塩）水溶液 $v'$〔mL〕を混合した 緩衝液；

$K_a = \dfrac{[\text{H}^+][\text{X}^-]}{[\text{HX}]}$ に次の値を代入して[H$^+$]を求める。

$$[\text{HX}] \fallingdotseq c \times \dfrac{v}{v + v'} \text{〔mol/L〕}$$

$$[\text{X}^-] \fallingdotseq [\text{NaX}] = c' \times \dfrac{v'}{v + v'} \text{〔mol/L〕}$$

求めた[H$^+$]の値からpHを求める。

▶ アンモニア水とNH$_4$Cl水溶液からなる緩衝液：アンモニ アの電離定数 $K_b$ に，[NH$_3$]と[NH$_4^+$]（= NH$_4$Clのモル 濃度）を代入して[OH$^-$]を求める。さらに水のイオン積 $K_w$ より[H$^+$]を求める。

☐ 97 2段階電離のイ オン濃度

▶ **第1段階のイオン濃度**を求める場合；
　　$K_1 \gg K_2$ より，$K_1$ のみで計算する。
▶ **第2段階のイオン濃度**を求める場合；
　　$K_1 \times K_2 = K$ の式で計算する。

☐ 98 溶解度積

▶ 難溶性の塩 $A_m B_n \rightleftarrows m\text{A}^{n+} + n\text{B}^{m-}$
　　**溶解度積 $K_{sp} = [\text{A}^{n+}]^m [\text{B}^{m-}]^n$**
▶ 混合した陽イオンと陰イオンの濃度の積 $K$；
　　$\begin{cases} K > K_{sp} \Rightarrow \text{沈殿する。} \\ K \le K_{sp} \Rightarrow \text{沈殿しない。} \end{cases}$

☐ 99 塩の加水分解の pH

▶ **弱酸のナトリウム塩NaXの水溶液**；完全に電離したX$^-$ の一部が水と反応して，加水分解の平衡となる。
　　$\text{X}^- + \text{H}_2\text{O} \rightleftarrows \text{HX} + \text{OH}^-$

$$K_h = \dfrac{[\text{HX}][\text{OH}^-]}{[\text{X}^-]}$$

$K_h$ より，[OH$^-$]を求め，さらにpHを求める。
▶ HXの電離定数 $K_a$，水のイオン積 $K_w$ とすると，

$$K_h = \dfrac{K_w}{K_a}$$

# 元 素 の 周 期 表

* 安定な同位体がなく、同位体の天然存在比が一定しない元素については、その元素の最もよく知られた同位体の質量数を〔 〕内に示してある。
* 104番以降の元素の詳しい性質はわかっていない。

元素名 → 水素 1H ← 元素記号
原子番号 → 1H
原子量 → 1.008

色文字……常温で気体
灰色文字……常温で液体
その他……常温で固体

遷移元素（他は典型元素）

□…非金属元素
□…金属元素

| 周期＼族 | 1 | 2 | 3 | 4 | 5 | 6 | 7 | 8 | 9 | 10 | 11 | 12 | 13 | 14 | 15 | 16 | 17 | 18 |
|---|---|---|---|---|---|---|---|---|---|---|---|---|---|---|---|---|---|---|
| 1 | 水素 1H 1.008 | | | | | | | | | | | | | | | | | ヘリウム 2He 4.003 |
| 2 | リチウム 3Li 6.941 | ベリリウム 4Be 9.012 | | | | | | | | | | | ホウ素 5B 10.81 | 炭素 6C 12.01 | 窒素 7N 14.01 | 酸素 8O 16.00 | フッ素 9F 19.00 | ネオン 10Ne 20.18 |
| 3 | ナトリウム 11Na 22.99 | マグネシウム 12Mg 24.31 | | | | | | | | | | | アルミニウム 13Al 26.98 | ケイ素 14Si 28.09 | リン 15P 30.97 | 硫黄 16S 32.07 | 塩素 17Cl 35.45 | アルゴン 18Ar 39.95 |
| 4 | カリウム 19K 39.10 | カルシウム 20Ca 40.08 | スカンジウム 21Sc 44.96 | チタン 22Ti 47.87 | バナジウム 23V 50.94 | クロム 24Cr 52.00 | マンガン 25Mn 54.94 | 鉄 26Fe 55.85 | コバルト 27Co 58.93 | ニッケル 28Ni 58.69 | 銅 29Cu 63.55 | 亜鉛 30Zn 65.38 | ガリウム 31Ga 69.72 | ゲルマニウム 32Ge 72.63 | ヒ素 33As 74.92 | セレン 34Se 78.97 | 臭素 35Br 79.90 | クリプトン 36Kr 83.80 |
| 5 | ルビジウム 37Rb 85.47 | ストロンチウム 38Sr 87.62 | イットリウム 39Y 88.91 | ジルコニウム 40Zr 91.22 | ニオブ 41Nb 92.91 | モリブデン 42Mo 95.95 | テクネチウム 43Tc 〔99〕 | ルテニウム 44Ru 101.1 | ロジウム 45Rh 102.9 | パラジウム 46Pd 106.4 | 銀 47Ag 107.9 | カドミウム 48Cd 112.4 | インジウム 49In 114.8 | スズ 50Sn 118.7 | アンチモン 51Sb 121.8 | テルル 52Te 127.6 | ヨウ素 53I 126.9 | キセノン 54Xe 131.3 |
| 6 | セシウム 55Cs 132.9 | バリウム 56Ba 137.3 | ランタノイド 57~71 | ハフニウム 72Hf 178.5 | タンタル 73Ta 180.9 | タングステン 74W 183.8 | レニウム 75Re 186.2 | オスミウム 76Os 190.2 | イリジウム 77Ir 192.2 | 白金 78Pt 195.1 | 金 79Au 197.0 | 水銀 80Hg 200.6 | タリウム 81Tl 204.4 | 鉛 82Pb 207.2 | ビスマス 83Bi 209.0 | ポロニウム 84Po 〔210〕 | アスタチン 85At 〔210〕 | ラドン 86Rn 〔222〕 |
| 7 | フランシウム 87Fr 〔223〕 | ラジウム 88Ra 〔226〕 | アクチノイド 89~103 | ラザホージウム 104Rf 〔267〕 | ドブニウム 105Db 〔268〕 | シーボーギウム 106Sg 〔271〕 | ボーリウム 107Bh 〔272〕 | ハッシウム 108Hs 〔277〕 | マイトネリウム 109Mt 〔276〕 | ダームスタチウム 110Ds 〔281〕 | レントゲニウム 111Rg 〔280〕 | コペルニシウム 112Cn 〔285〕 | ニホニウム 113Nh 〔278〕 | フレロビウム 114Fl 〔289〕 | モスコビウム 115Mc 〔289〕 | リバモリウム 116Lv 〔293〕 | テネシン 117Ts 〔293〕 | オガネソン 118Og 〔294〕 |

**ランタノイド**

| | | | | | | | | | | | | | | |
|---|---|---|---|---|---|---|---|---|---|---|---|---|---|---|
| ランタン 57La 138.9 | セリウム 58Ce 140.1 | プラセオジム 59Pr 140.9 | ネオジム 60Nd 144.2 | プロメチウム 61Pm 〔145〕 | サマリウム 62Sm 150.4 | ユウロピウム 63Eu 152.0 | ガドリニウム 64Gd 157.3 | テルビウム 65Tb 158.9 | ジスプロシウム 66Dy 162.5 | ホルミウム 67Ho 164.9 | エルビウム 68Er 167.3 | ツリウム 69Tm 168.9 | イッテルビウム 70Yb 173.0 | ルテチウム 71Lu 175.0 |

**アクチノイド**

| | | | | | | | | | | | | | | |
|---|---|---|---|---|---|---|---|---|---|---|---|---|---|---|
| アクチニウム 89Ac 〔227〕 | トリウム 90Th 232.0 | プロトアクチニウム 91Pa 231.0 | ウラン 92U 238.0 | ネプツニウム 93Np 〔237〕 | プルトニウム 94Pu 〔239〕 | アメリシウム 95Am 〔243〕 | キュリウム 96Cm 〔247〕 | バークリウム 97Bk 〔247〕 | カリホルニウム 98Cf 〔252〕 | アインスタイニウム 99Es 〔252〕 | フェルミウム 100Fm 〔257〕 | メンデレビウム 101Md 〔258〕 | ノーベリウム 102No 〔259〕 | ローレンシウム 103Lr 〔262〕 |